LIBRAIRIE DE ROR
RUE HAUTEFEUILLE, N° 12,

COLLECTION

DE

MANUELS

FORMANT UNE

ENCYCLOPÉDIE

DES SCIENCES ET DES ARTS.

Format in-18.

Tous les Traités se vendent séparément.
Pour les recevoir franc de port on ajoutera
50 *cent. par volume in-18.*

Les suivans sont en vente ; les autres paraî-
tront successivement.

Manuel d'Arpentage, ou Instruction sur cet art et sur celui de lever les plans, par M. Lacroix, membre de l'Institut. Un vol. orné de planches. Deuxième édition.   2 fr. 50 c.

Manuel d'Arithmétique démontrée, par M. Collin. Sixième édit. Un vol.   2 fr. 50 c.

Manuel de l'Artificier, contenant les Élémens de la Pyrotechnie civile et militaire; par A. D. Vergnaud, capitaine d'artillerie et ancien élève de l'Ecole Polytechnique. Un vol. orné de planches.   3 fr.

Manuel d'Astronomie, par M. Bailly. Un volume orné de planches. Deuxième édition.   2 fr. 50 c.

Manuel Biographique, ou Dictionnaire historique abrégé des grands Hommes, par M. Jacquelin et M. Noël, inspecteur-géné-ral des études. 2 gr. vol.   6 fr.

Manuel complet de Botanique, contenant les principes élémen-taires de cette science ; par M. Boitard. Un vol. de 450 pages, orné de planches.   3 f. 50 c.

Manuel du Boulanger et du Meunier, par M. Dessables. Un vol. 2 fr. 50 c.

Manuel du Brasseur, ou l'Art de faire toutes sortes de Bières, par M. Riffault. Un vol. 2 f. 50 c.

Manuel du Chamoiseur, Maroquinier, Peaussier et Parcheminier; par M. Dessables. Un vol. orné de planches. 3 f.

Manuel du Charcutier, ou l'Art d'accommoder toutes les parties du cochon. Un vol. 2 f. 50 c.

Manuel du Charpentier, ou Traité complet de cet Art. Un gros vol. orné de planches. 3 fr. 50 c.

Manuel du Chasseur et des Gardes-Chasse. Un vol. Nouvelle édition. 3 fr.

Manuel de Chimie, par M. Riffault. Un vol. 2e édition. 3 fr.

Manuel de Chimie amusante, par le même. Un vol. 2e édit. 3 fr.

Manuel de la bonne Compagnie, ou l'Ami de la politesse. Un vol. Quatrième édition. 2 fr. 50 c.

Manuel du Cuisinier et de la Cuisinière, par M. Cardelli. Un vol. Cinquième édition. 2 fr. 50 c.

Manuel des Dames, ou l'Art de la Toilette, suivi de l'Art du Modiste, du Mercier-Passementier, par mad. Celnart. Un vol. 3 f.

Manuel des Demoiselles, ou Arts et Métiers qui leur conviennent et dont elles peuvent s'occuper avec agrément; par madame Elisab. Celnart. Un vol. orné de planches. 2e édit. 3 f.

Manuel du Dessinateur, ou Traité complet de cet Art, par M. Perrot. 1 vol. orné d'un grand nombre de planches. 3 f.

Manuel du Dessinateur et de l'Imprimeur Lithographe, par Brégeaut, lithographe breveté. Un vol. orné de planches. 3 f.

Manuel du Destructeur des Animaux nuisibles à l'Agriculture, à l'Economie domestique, etc., par M. Vérardi. Un vol. orné de planches. 3 f.

Manuel du Distillateur-Liquoriste, par M. Lebeaud. Un v. 3 fr.

Manuel complet d'Economie domestique, par mad. Celnart. 1 vol. 2 f. 50 c.

Manuel du Fabricant de Draps, par M. Bonnet, ancien fabricant à Lodève. Un vol. 3 fr.

Manuel du Fabricant et de l'Epurateur d'Huiles, ou l'Art de faire et dépurer toutes sortes d'Huiles, par M. Julia-Fontenelle. Un vol. orné de figures. 3 f.

Manuel du Fabricant de Sucre et du Raffineur, par MM. Blachette et Zoéga. Un vol. 3 fr.

Manuel du Fondeur sur tous Métaux, par M. Launay, fondeur de la Colonne de la place Vendôme. 2 vol. ornés de planches. 7 fr.

Manuel du Porcelainier, du Faïencier et du Potier de terre, par M. Boyer. 2 vol. 6 f.

Manuel des Gardes-Malades, par M. Morin. 2e édition. Un vol. 2 fr. 50 c.

Géographe-manuel (*le nouveau*), par M. Devilliers. 2e édit. Un vol. orné de 7 cartes. 3 fr. 50 c.

Manuel des Habitans de la Campagne. Un vol. 2 f. 50 c.

Manuel d'Histoire Naturelle, comprenant les trois Règnes de la Nature; par M. Boitard. 2 vol. 7 f.

Manuel d'Hygiène, ou l'Art de conserver sa Santé, par M. le docteur Morin. 1 vol. 3 f.

Manuel de l'Imprimeur, ou Traité simplifié et complet de cet Art ; par M. E. Audouin de Géronval, et revu par M. Crapelet, imprimeur. 1 vol. 3 fr.

Manuel complet du Jardinier, dédié à M. Thouin ; par M. Bailly. Troisième édition. 2 vol. 5 fr.

Annuaire du Jardinier et de l'Agronome, pour 1827, par un *Jardinier-agronome*. Un vol. in-18. 1 fr. 50 c.

Cet Annuaire paraît au 1er janvier de chaque année, et tient au courant de toutes les Découvertes le Manuel du Jardinier, et tous les autres ouvrages de jardinage.

Manuel du Jaugeage et des Débitans de boissons; par MM. Laudier et D... avocat. Un vol. 3 f.

Manuel complet des Jeux de Société, renfermant tous les jeux qui conviennent aux jeunes gens des deux sexes ; par mad. Celnart. 1 vol. 3 fr.

Manuel du Limonadier et du Confiseur, par M. Cardelli. 4e édition. Un vol. 2 fr. 50 c.

Manuel de la Maîtresse de maison, et de la Parfaite Ménagère, par mad. Gacon-Dufour. Un vol. 2 f. 50 c.

Manuel de Mammalogie, ou Histoire naturelle des Mammifères, par M. Lesson. Un vol. 3 f. 50 c.

Manuel des Marchands de Bois et de Charbons, suivi de nouveaux Tarifs du Cubage des bois, etc.; par M. Marié de l'Isle. 1 vol. 3 fr.

Manuel de Médecine et de Chirurgie domestiques; par M. Morin. Deuxième édition. Un vol. 3 fr. 50 c.

Manuel du Menuisier en Bâtimens et en Meubles, suivi de l'Art de l'Ébéniste; par M. Nosban. 2 vol. ornés de planches. 6 fr.

Manuel de Minéralogie, par M. Blondeau. Deuxième édition. Un vol. 3 fr. 50 c.

Manuel du Naturaliste préparateur, par M. Boitard. Un vol. 2 fr. 50 c.

Manuel du Parfumeur, par mad. Gacon-Dufour. Un vol. 2 fr. 50 c.

Manuel du Pâtissier et de la Pâtissière, par la même. Un vol. 2 fr. 50 c.

Manuel du Pêcheur français, ou Traité général de toutes sortes de Pêches ; par M. Pesson-Maisonneuve. Un vol. 3 fr.

Manuel du Peintre en bâtimens, du Doreur et du Vernisseur, par M. Riffault. Deuxième édition. Un vol. 2 f. 50 c.

Manuel de Perspective, du Dessinateur et du Peintre, par M. Vergnaud. Deuxième édition. Un vol. 3 fr.

Manuel de Physique, par M. Bailly. Troisième édition. Un vol. 2 fr. 50 c.

Manuel de Physique amusante, ou nouvelles Récréations physiques ; par M. Julia-Fontenelle. Un vol. 2e édition. 3 fr.

Manuel pratique des Poids et Mesures, des Monnaies et du Calcul décimal, par M. Tarbé, 12e édition. Un vol. 3 fr.

Manuel du Praticien, ou Traité de la science du Droit; par M. D..., avocat. Deuxième édition. Un vol. 3 fr. 50 c.

Manuel du *Relieur*, du *Brocheur* et de l'*Assembleur*, par M. Sébastien Lenormand. Un vol. orné de planches. 3 f.

Manuel du *Savonnier*, ou l'Art de faire toutes sortes de Savons, par mad. Gacou-Dufour. Un vol. 3 f.

Manuel du *Serrurier*, par le comte de Grandpré. Un vol. 3 f.

Manuel du *Tanneur*, du *Corroyeur*, de l'*Hongroyeur*, par M. Chicoineau. Un vol. 3 fr.

Manuel du *Teinturier*, suivi de l'*Art du Dégraisseur*; par M. Riffault. Un vol. orné de figures. 3 fr.

Manuel du *Tourneur*, ou Traité complet et simplifié de cet Art, par M. Dessables. 2 vol. ornés de planches. 6 fr.

Manuel du *Vétérinaire*, contenant la connaissance générale des chevaux, la manière de les élever, de les dresser et de les conduire; par M. Lebeaud. Un vol. 3 fr.

Manuel du *Vigneron français*, ou l'Art de cultiver la vigne, de faire les vins et les eaux-de-vie; par M. Thiébaud de Berneaud. Deuxième édition. Un vol. 3 fr.

Manuel du *Vinaigrier* et du *Moutardier*, par M. Julia-Fontenelle. Un vol. 3 f.

Manuel du *Zoophile*, ou l'Art d'élever et de soigner les animaux domestiques, par madame Celnart. Un vol. 2 fr. 50 c.

SOUS PRESSE.

Manuel d'*Algèbre*, par M. Terquem, professeur de mathématiques aux Écoles royales.

Manuel de l'*Amidonnier* et du *Vermicellier*.

Manuel d'*Architecture*, ou Traité de l'Art de Bâtir, par M. Toussaint, architecte. 2 vol.

Manuel du *Chandelier* et du *Cirier*, par M. Sébastien Lenormand. Un vol.

Manuel d'*Entomologie*, ou Histoire naturelle des Insectes; par M. Boitard. 2 vol.

Manuel de l'*Herboriste*, de l'*Épicier* et du *Droguiste*.

Manuel du *Ferblantier*.

Manuel complet de *Géométrie*, par M. Terquem.

Manuel des *Jeux de Hasard* et de *Calcul*.

Manuel de *Mathématiques amusantes*, ou nouvelles Récréations mathématiques.

Manuel complet de *Mécanique*, par M. Terquem.

Manuel de l'*Art militaire*, par M. Vergnaud, capitaine d'artillerie.

Manuel-théorique et pratique de *Musique vocale et instrumentale*, par M. Choron. Un vol.

Manuel d'*Ornithologie*, ou Histoire naturelle des Oiseaux.

Manuel du *Peintre en miniature*.

Manuel du *Poêlier-Fumiste*.

Beaucoup d'autres Ouvrages sont prêts à imprimer.

MANUEL
DU FABRICANT
ET DE L'ÉPURATEUR
D'HUILES,

SUIVI

D'UN APERÇU SUR L'ÉCLAIRAGE PAR LE GAZ;

PAR M. JULIA FONTENELLE,

Professeur de Chimie; Membre honoraire de la Société royale de Varsovie; Associé de l'Académie royale de Médecine et de celle des Sciences de Barcelone; Membre de la Société de Chimie médicale de Paris, de la Société royale des Antiquaires de France, des Académies royales des Sciences de Lyon, Rouen, etc.

PARIS,

RORET, LIBRAIRE, RUE HAUTEFEUILLE,

AU COIN DE CELLE DU BATTOIR.

1827.

À M. Besson,

Membre du Conseil général d'Agriculture de France, près du Ministère de l'Intérieur ; Membre correspondant de la Société royale et centrale d'Agriculture, de la Société royale pour l'amélioration des laines, et des Sociétés linnéennes de Paris et de Bordeaux, etc.

Souvenir de son ami,

Julia Fontenelle.

INTRODUCTION.

L'APPLICATION de la chimie aux arts en a tellement reculé les bornes, qu'un grand nombre sont, à proprement parler, de création nouvelle, que d'autres ont pris place parmi les sciences, et que tous, en général, ont ressenti les heureux effets de cette influence en s'enrichissant d'une infinité de découvertes, d'instrumens et de procédés nouveaux. Plusieurs même ont atteint à un tel degré de perfectionnement, que, de nos jours, les arts chimiques ont enfanté, pour ainsi dire, des merveilles. Témoin de l'utilité des connaissances chimiques, je me suis livré à l'application de cette science, à la pratique des arts. L'accueil bienveillant dont le public a honoré mes Manuels de *Physique amusante*, de *Minéralogie* et du *Vinaigrier*, m'ont engagé à publier celui du *Fabricant d'Huiles*, qui sera suivi d'un *Manuel de Chimie appliquée aux arts* et d'un *Manuel du Fabricant de produits chimiques*. Depuis plus de quinze ans je recueille les matériaux propres à la confection de ces deux ouvrages, afin de me rendre de plus en plus digne des éloges que les journaux ont donnés aux ouvrages précités et de justifier la bienveillance du public.

Nous ne possédons aucun ouvrage sur la fabrication des huiles, quoique cette fabrication soit une branche importante des arts et de l'économie domestique. Nous n'avons que quelques mémoires épars sur quelques huiles en particulier ; cependant les travaux de MM. Chevreul et Braconnot ont jeté le plus grand jour sur leur connaissance, et ouvert la porte à ceux de MM. Colin, Bussy, Lecanu, etc. ; de manière que, maintenant, l'extraction des huiles n'est point un art empyrique, mais bien un véritable art chimique, qui est appelé à recevoir de nouveaux perfectionnemens. C'est pour contribuer à ses progrès que j'ai rédigé le *Manuel du Fabricant et de l'épurateur d'Huiles.*

Personne n'ignore que la plupart sont des produits végétaux et que d'autres sont retirées des animaux; il en est même qu'on appelle *minérales*, quoiqu'elles soient éminemment d'origine végétale ; on a cru leur devoir donner ce nom parce qu'on les trouve naturellement, en creusant certains terrains. Je n'entreprendrai point de décrire, dans cet ouvrage, toutes les huiles connues, car il en existe un si grand nombre qu'il faudrait plusieurs volumes pour les énumérer. Je me suis donc borné à présenter les principales et les plus utiles, en un mot celles qui paraissent offrir le plus d'intérêt. En conséquence, j'ai divisé ce travail en cinq parties : dans la première, je présente quelques considérations générales sur les huiles fixes, dans lesquelles j'expose la plupart de leurs propriétés physiques et chimiques, leur analyse et leur composition élémentaire; j'examine dans la seconde la plupart des huiles fixes. Mais comme celle d'olive est la seule que l'on retire de la drupe et non de la semence elle-même, je la place à la tête de cet examen et je range les autres suivant l'ordre alphabétique, afin de rendre l'ouvrage plus facile à consulter. Pour répandre plus d'intérêt sur ce travail j'ai pris soin de recueillir la plupart des procédés qui ont obtenu des brevets d'invention et de les décrire, en y ajoutant les planches qui en facilitent la connaissance. C'est, suivant nous, le meilleur moyen pour offrir du nouveau et s'écarter des routes battues. Dans la troisième partie, je m'occupe de divers moyens propres à l'épuration de ces huiles; dans la quatrième, j'examine celles qu'on nomme *animales* et *minérales;* la cinquième, enfin, est consacrée aux huiles volatiles : j'ai fait précéder cette partie de quelques recherches sur leurs caractères, leurs propriétés physiques et chimiques et leur composition. J'ai suivi la classification de M. de Fourcroy; mais l'ayant trouvée insuffisante pour classer certaines huiles, je les ai comprises dans un appendice; nous sommes même forcé de convenir que, dans les divers genres, il s'en trouve qui sont également peu étudiées. Enfin, j'ai terminé cet ouvrage par un aperçu sur le mode d'éclairage par le gaz (1). Je n'ai point eu la prétention de publier une dissertation sur ce bel-art, je n'ai cherché qu'à en donner une idée à ceux qui, placés loin de la capitale, n'ont point été à portée de sentir toute l'importance de la belle découverte de M. Lebon, ingénieur français, laquelle, dédaignée en France dès son origine, fut exportée en Angleterre, où elle fut accueillie avec empressement et d'où nous l'avons, bientôt après, importée.

Telle est le sort de plus d'une découverte; cependant les bienfaits que répand sur les arts la Société d'Encouragement pour l'industrie nationale nous portent à croire que de pareils exemples ne se montreront plus, et qu'un gouvernement, ami des arts, s'empressera de les encourager afin de conserver à notre belle France cette supériorité qui l'a placée à la tête de toutes les nations pour ses arts chimiques et industriels.

_____

(1) Je n'ai pas cru devoir comprendre dans cet ouvrage les huiles composées, parce qu'elles sont du ressort de la pharmacie, ni celles de toilette, parce qu'elles appartiennent à la parfumerie, et qu'elles ne sont autre chose qu'une huile douce, comme celle d'olive, de ben, ou d'amandes douces, aromatisée par quelque huile volatile, à laquelle on ajoute parfois une matière colorante.

MANUEL
DU FABRICANT
ET DE L'ÉPURATEUR
D'HUILES.

PREMIÈRE PARTIE.

CONSIDÉRATIONS GÉNÉRALES SUR LES HUILES FIXES.

DE temps immémorial on a désigné par le nom d'huile des produits immédiats des végétaux, qui sont plus ou moins liquides, onctueux, inflammables, pénétrant le papier, lui communiquant une demi-transparence et y produisant une tache graisseuse. L'énumération de toutes les espèces d'huiles fixes exigerait plus d'un volume; nous réduirons donc cet examen à celles qui sont fabriquées comme alimens, ou bien qui ont trouvé une application spéciale à l'éclairage, aux arts ou à la médecine.

Presque tous les chimistes anciens et modernes se sont occupés des propriétés des huiles et de leur nature; cependant leur composition immédiate avait échappé aux savantes recherches des Lavoisier, des Berthollet, des Vauquelin, des

Fourcroy, des Proust, des Schéèle, des Priest-
ley, etc.; cette connaissance était réservée aux
importans travaux de MM. Chevreul et Braconnot : nous aurons occasion d'y revenir plus d'une
fois.

Les huiles fixes ou douces n'existent jamais que
dans les *semences* des végétaux; on ne les a point
encore trouvées dans leurs tiges, leurs écorces,
leurs feuilles, leurs fleurs, etc. : quelquefois elles
sont contenues dans la chair de certains fruits ; mais
c'est bien rare, puisque dans nos climats on ne
les trouve ainsi que dans l'olive.

On doit regarder comme une règle générale,
que l'huile douce n'existe que dans le cotylédon
des semences, et qu'on ne connaît point de graine
monocotylédone qui en produise.

Les graines oléagineuses contiennent, en même
temps, de la fécule et une espèce de mucilage qui,
les rendant miscibles à l'eau, donnent, avec ce
liquide, une liqueur blanche connue sous le nom
d'*émulsion* ou *lait d'amande*, quand c'est avec ce
fruit qu'on l'a préparée : c'est en raison de cette
propriété que ces semences sont appelées émul-
sives. Nous allons présenter ici un tableau des
principales huiles fixes, ainsi que des végétaux
qui les produisent.

Huiles fixes.	Végétaux qui les produisent.
Huile d'olives.......	olivier, *olea europæa.*
— de pistache de terre	*arachis hypogea.*
— de chenevis......	chanvre, *cannabis sativa.*
— d'amandes.......	amandier, *amygdalis communis.*
— de concombre....	citrouille, *cucurbita pepo et mala pepo.*
— de chou........	*brassica oleracea.*
— de colza........	*brassica oleracea arvensis, brassica campestris.*
— de navette......	navets; *brassica napus et campestris.*

Huiles fixes.	Végétaux qui les produisent.
— de moutarde.....	*sinapis alba et nigra.*
— de faine.........	hêtre commun, *fagus sylvatica.*
— de cacao........	*theabroma cacao.*
— de noisette.......	*coryllas avellana.*
— de pavot.......	*papaver somniferum.*
— de raifort........	*raphanus raphanisticum.*
— de ben..........	*guilandina mohringa.*
— de pepins de raisin	*vitis vinifera.*
— de laurier.........	*laurus nobilis.*
— de lin..........	*linum usitatissimum et perenne.*
— de ricin........	*ricinus communis.*
— de caméline......	*myagrum sativum.*
— de julienne......	*hesperis matronalis.*
— de galéope.......	*galeopsis tetrahit.*

Propriétés physiques des huiles.

Les huiles douces, grasses ou fines, car ces noms sont synonymes, sont, à la température atmosphérique, presque toutes liquides; quelques unes cependant, comme celles de palmier, le beurre de balam, celui de cacao, etc., sont plus ou moins consistantes; elles sont aussi plus ou moins gluantes, d'une saveur faible, mais parfois désagréable. Quelques unes sont incolores; en général elles sont cependant d'une couleur ambrée, et quelques unes d'un jaune verdâtre : cette couleur me paraît due à un principe particulier qu'elles tiennent en dissolution. Le poids spécifique des huiles est plus faible que celui de l'eau, aussi surnagent-elles ce liquide; mais ce poids n'est pas le même pour toutes, ainsi que nous allons le faire connaître.

Poids spécifiques des huiles douces.

Le poids spécifique de toute les huiles douces n'a pas encore été démontré; les seules dont on l'ait déterminé sont les suivantes :

Huile d'olives. . . . 913.

Huiles de navette. . . . . 913.
　　　— de lin . . . . . . 932.
　　　— d'amandes. . . . 932.
　　　— de noix , de . . . 923 à 947.
　　　— de faîne. . . . . 923.
　　　— de pavot. . . . . 930.
　　　— de noisette . . . 941.
　　　— de ben. . . . . . 917.
　　　— de moutarde. . . 920.
　　　— de palmier. . . . 968.
　　　— de cacao. . . . . 892.

On pourrait, jusqu'à un certain point, reconnaître quelques huiles par leur poids spécifique.

Propriétés chimiques.

Les huiles exposées à l'action de l'air ou laissées en contact avec le gaz oxigène , en éprouvent une altération plus ou moins prompte. En effet, avec le temps et graduellement, leur liquidité diminue, elles s'épaississent, et certaines même se durcissent : ces dernières portent le nom d'*huiles siccatives;* de ce nombre sont les huiles de lin , de noix, d'œillet, de pepins de raisin, etc. M. de Saussure s'est livré à des recherches très intéressantes sur ce qui se passe lors de cette action (1). Cet habile physicien a reconnu qu'une couche d'huile de noix, de 3 lignes d'épaisseur sur 3 pouces de diamètre , placée sur du mercure à l'ombre , dans du gaz oxigène pur , n'en a absorbé qu'un volume égal au plus à trois fois celui de l'huile, pendant huit mois, entre décembre 1817 et le 1er août 1818; mais, dans les dix jours suivans, elle en a absorbé 60 fois son volume. A la fin d'octobre, époque à laquelle la diminution du volume du gaz était presque insensible , cette huile avait absorbé 145 fois son volume de gaz oxigène, et donné 21

(1) *Annales de Chimie et de Physique ,* tome XIII.

fois son volume de gaz acide carbonique, sans aucune production d'eau. Cette huile, ainsi traitée, formait une espèce de gelée transparente qui ne tachait plus le papier; par ce moyen, l'huile de pepins de raisin a acquis la consistance et la viscosité de la térébenthine. Les huiles qui ne s'épaississent pas suffisamment par le contact de l'air sont appelées *non siccatives*. Les huiles exposées dans une cornue, à une température assez élevée pour en opérer la distillation, se décomposent en partie; il se dégage du gaz hydrogène carboné, et il passe dans le récipient une huile d'un jaune brunâtre, d'une odeur très forte et très piquante; le résidu est une petite quantité de substance charbonneuse : c'est pour cette raison que, lorsque les cuisiniers font chauffer fortement leurs huiles dans des vases métalliques, les ragoûts acquièrent une saveur âcre et irritante.

Les huiles exposées à l'action du froid se figent à des températures plus ou moins basses, suivant que les deux principes qui les constituent, l'oléïne et la stéarine, sont en des proportions différentes; ainsi, plus elles sont riches en stéarine, plus elles se figent promptement, parce que la stéarine, comme nous le faisons connaître ailleurs, est, à proprement parler, le suif ou la partie solide des huiles, et l'oléïne la partie fluide.

Les huiles douces sont insolubles dans l'eau ; mais le plus grand nombre est plus ou moins soluble dans l'alcool et l'éther. Nous donnerons le tableau de leur solubilité dans l'alcool. M. de Saussure a fait une remarque curieuse ; c'est que leur solubilité dans ce menstrue augmentait avec la quantité d'oxigène qu'elles contenaient comme élément de composition, ainsi qu'avec celui qu'elles avaient absorbé (1) à l'aide de la chaleur. Les huiles dis-

_____

(1) *Loco citato.*

solvent le phosphore et le soufre ; par le refroidissement, une grande partie du premier se précipite en cristaux.

Le chlore et l'iode agissent même à froid sur les
huiles, leur enlèvent de l'hydrogène, et se convertissent en acides hydrochlorique et hydrio-
dique.

Le potassium et le sodium n'agissent sur elles
qu'après être passés à l'état d'oxide ; ils forment
alors des savons.

Presque tous les acides puissans sont susceptibles de s'unir à certaines huiles et de produire
des composés onctueux et pâteux, surtout si leur
action est aidée de celle du calorique ; ces composés se dissolvent dans l'eau et moussent comme
le savon ordinaire, mais ils ne sont point perma-
nens et ne peuvent présenter un grand avantage
dans leur emploi.

Les huiles, comme nous l'avons déjà dit, sont
très combustibles, aussi sont-elles avantageusement appliquées à l'éclairage. Nous allons présenter un tableau comparatif de la combustibilité
de quelques unes, sous le même poids et les mêmes
circonstances ; ces expériences sont dues à M. Louis
de Villeneuve, qui a reconnu que la flamme égale
d'une petite lampe consomme dans 12 heures :

	grammes	onces	gros
Huile de Flandre. . . .	88	2	7
— d'olive ou de colza . .	96	3	1
— de noix	100	3	2
— de lin.	110	3	5
— de moutarde noire ou linette de printemps.	119	3	7
— de moutarde blanche.	122	4	
— de pepins de raisin. .	68	2	2

Cette dernière expérience m'est propre.

Tableau de la solubilité des huiles fixes dans l'alcool.

Les expériences ont été faites avec 1000 gouttes d'alcool à 40° de l'aréomètre de Baumé, à 12°5 c° ; voici les proportions que chaque 1000 gouttes de ce menstrue ont dissoutes des huiles suivantes :

Huile de pavot d'une année. . . . 8 gouttes.
— de pavot, nouvelle. 4
— de lin. 6
— de noix. 6
— de faîne. 4
— d'olive 3
— d'amande douce 3
— de noisette. 3
— de pepins de raisin. 6
— de ricin en toutes proportions.

L'action des oxides sur les huiles a été long-temps un problème dont Schéèle entreprit la solution, et que MM. Chevreul et Braconnot sont parvenus à résoudre. En effet, M. Chevreul a démontré que lorsqu'on fait bouillir des huiles, soit avec les oxides alcalins, ou ceux qui ont beaucoup d'affinité par les acides, il en résulte la décomposition constante des huiles, sans que l'air exerce la moindre influence sur cette décomposition, et sans aucune production d'acides acétique ni carbonique. Mais comme les élémens réunis équivalent à ceux de l'huile employée, et qu'il y a de plus un peu d'oxigène et d'hydrogène, dans les rapports propres à produire de l'eau, MM. Chevreul et Thenard pensent qu'une petite quantité de ce liquide concourt à cette opération, dont les produits sont :

1°. *Le principe doux de Schéèle.*

C'est à Schéèle que la découverte en est due ; il est liquide, inodore, doux, transparent, soluble

dans l'eau, plus pesant que ce liquide et inflammable ; l'acide nitrique (eau forte) le convertit en
acide oxalique, et l'acide sulfurique (huile de vitriol) en sucre.

2°. *Les acides oléïque et margarique.*

Ces acides s'unissent aux oxides qu'on a fait
réagir sur les huiles, et forment des margarates
et des oléates insolubles, qui sont la base des em-
plâtres, à l'exception de ceux qui sont le produit
de la réaction de la potasse et de la soude, qui constituent les véritables savons, de sorte que, d'a-
près ce qui se passe dans la saponification, les
savons sont de véritables composés de deux à trois
sels, qui sont les oléates, les margarates et les stéarates de potasse ou de soude ; ceux qui sont à
base de potasse sont mous, et ceux à base de soude
sont durs : on peut convertir les savons mous, à
base de potasse, en savons durs, en les faisant
bouillir avec de l'eau et de l'hydrochlorate de
soude.

Toutes les huiles ne donnent point d'égales quantités de savons ni des qualités identiques ; l'huile
d'olive produit seule des savons durs, et les huiles
des graines oléagineuses des savons mous. Nous
allons offrir ici un tableau de ces produits.

Tableau comparatif des quantités de savons obtenues de trois livres d'huile ou de graisse saponifiées par le sous-carbonate de soude rendu caustique.

NOMS des huiles ou graisses.	COULEUR des savons.	QUANTITÉ retenue au sortir de la mise.	Perte en poids.	Espace de temps.
d'olive.	blanc.	7 liv. 10 onc.	5 liv.	dans 2 mois.
d'amande douce.	blanc.	5... 11	4... 6 onc.	....id.
de colza.	jaune citron.	5... 14	5.	0....15 jours.
de navette.	blanc.	6... 8	5.	0....20
de faîne.	gris sale.	5... 4	4... 13	2
d'œillet.	gris.	4... 8	4... 6	1....15
de chenevis.	vert.	5... 4	4... 14	0....15
de noix.	jaune foncé.	4... 7	4... 6	0....15
de lin.	jaunâtre.	5.	4... 12	1
de baleine.	gris sale.	4... 12	4... 10	0....15
de poisson.	brun rougeâtre.	4... 11	4... 8	1
de morue.	gris sale.	4... 14	4... 12	0....15
de suif.	blanc.	8... 4	6...	2
de saindoux.	blanc.	8... 3	5.	2

Principes immédiats des huiles.

Avant les belles recherches de M. Chevreul, et presque en même temps de M. Braconnot, on avait regardé les huiles comme étant un simple produit immédiat des végétaux; mais ces deux chimistes en ayant fait l'objet d'une étude spéciale, ont démontré qu'elles étaient composées de deux autres corps gras, dont l'un est solide, à la température ordinaire, et l'autre est liquide. Le premier, comme nous l'avons déjà dit, porte le nom de *stéarine*, et l'autre d'*élaïne* ou *oléine*; ces deux principes sont également les constituans des graisses, lesquelles sont, à proprement parler, des huiles plus ou moins solides, suivant la quantité de stéarine qu'elles contiennent.

Le procédé propre à séparer l'oléine de la stéarine des huiles, est très simple; il consiste à les faire figer, à les presser entre des papiers gris à une température convenable, et à changer le papier jusqu'à ce qu'il ne soit plus taché : par ce moyen le papier absorbe l'oléine, et la stéarine reste sous forme de suif. Nous allons examiner maintenant ces deux substances.

Oléine ou élaïne.

L'oléine, avons-nous dit, est le produit immédiat le plus liquide des huiles et des graisses. Lorsqu'elle est récente, elle est inodore et incolore, d'une saveur douceâtre; son poids spécifique n'est pas identique dans toutes les graisses : ainsi l'oléine de celle de l'homme, du bœuf, du mouton, du porc, du jaguar, ont une densité d'environ 0,915°, tandis que celle de l'oie est d'environ 0,329°. L'oléine est sans action sur la teinture du tournesol, elle a l'aspect de l'huile d'olive blanche, elle ne se dissout pas dans l'eau; elle est soluble en général dans trente-une fois son poids d'alcool à 0,816 (1). Exposée à un froid de 4° au-dessous de o, elle est encore fluide ; à celui de 6 à 7 — o, elle forme une masse cristallisée en aiguilles. La propriété dont jouit l'oléine de ne se figer qu'à une température si basse, devait la rendre précieuse pour l'horlogerie ; aussi M. Overdun, pharmacien à Breda, l'a-t-il proposée pour cet usage sous le nom d'huile végétale purifiée. Les expériences auxquelles il s'est livré lui ont démontré qu'outre cette propriété, elle jouit de celle de n'attaquer ni le cuivre ni le fer, et de ne pas prendre les couleurs verte ou bleue, quand on la met en contact avec les métaux, comme le fait même la meilleure huile d'olive ; en parlant de la stéarine nous ferons connaître une autre manière de préparer l'oléine.

Les alcalis réagissent sur ce corps gras de la manière suivante. Si l'on prend trois parties d'oléine, deux de potasse caustique et douze d'eau, et qu'on la soumette à l'action du calorique, elle se convertit en glycérine et en acide oléique et margarique, qui forment, avec la potasse, des oléates et des margarates qui, par leur réunion, produisent des savons mous ; dans la réaction des alcalis sur la stéarine, les proportions de glycérine et d'acide oléique sont moins fortes.

Toutes les oléines ne produisent point une quantité égale de savon ; ainsi, celle des graisses de jaguar, de mouton, d'oie et de porc, traitées par la potasse, donnent

graisse saponifiée . . 92,6
matière soluble. . . . 11,6

---

(1) Toutes les oléines n'ont pas le même degré de solubilité dans ce menstrue ; celui des oléines des graisses du bœuf, du mouton et du porc est identique ; l'oléine de celle de l'oie est un peu plus soluble.

L'oléine de la graisse de bœuf extraite, comme
les précédentes, par l'action de l'alcool, produit

graisse saponifiée . . 92,6
matière soluble. . . . 7,4

M. Chevreul s'est livré à l'analyse de l'oléine ;
il a trouvé celle de porc composée de

hydrogène. 79,030
carbone 11,422
oxigène 9,548
————————
100,000

Acide oléique.

Cet acide est produit, comme nous l'avons dit,
par la réaction des alcalis caustiques sur l'oléine
des huiles ou des graisses ; on l'obtient isolé en
décomposant l'oléate de potasse purifié par l'alcool, par une solution d'acide tartrique, qui
forme un tartrate de potasse, et l'acide surnage la
liqueur. L'acide oléique pur ressemble à une huile
incolore, ayant une légère odeur et saveur rances ;
son poids spécifique est de 0,898 : exposé à quelques degrés de froid au-dessous de 0, il se prend
en une masse blanche aiguillée ; il n'est pas soluble
dans l'eau, mais il se dissout en toutes proportions
dans l'alcool à 0,822. C'est en vertu de cette propriété qu'on peut le séparer des acides margarique et stéarique ; à chaud il rougit l'infusion de
tournesol, il décompose les carbonates, il forme
des sels avec les alcalis; avec la potasse il produit
un oléate qui est incolore, très peu odorant, amer,
alcalin et sous forme pulvérulente ; il est si soluble
dans l'eau qu'il suffit de deux parties de ce liquide
froid pour former une gelée transparente, et de
quatre pour que la solution paraisse sirupeuse. Une
plus grande quantité d'eau décompose ce sel et

le convertit en sous-oléate qui reste en dissolution dans la liqueur, et en sur-oléate qui se dépose. L'oléate de soude partage les propriétés de celui de potasse, avec cette différence qu'il est soluble dans dix parties d'eau à 12°.

L'acide oléique sec est composé, d'après M. Chevreul, de

Carbone 80,942
Hydrogène 11,359
Oxigène 7,699

Stéarine.

La stéarine est, à proprement parler, la partie solide ou le suif des huiles et des graisses. Nous avons indiqué la manière de l'extraire des huiles : voici le procédé pour la séparer de l'oléine des graisses, tel que l'a fait connaître M. Chevreul. Il consiste à traiter la graisse de porc par huit fois son poids d'alcool bouillant et d'une densité d'environ 0,798, en décantant ce menstrue et en attaquant successivement le résidu par de nouvel alcool, jusqu'à ce que tout soit dissout. Par le refroidissement, l'alcool dépose la stéarine sous forme de petites aiguilles; on obtient l'oléine en réduisant la solution alcoolique à $\frac{1}{6}$ de son volume. On purifie la stéarine en la dissolvant deux fois dans l'alcool, et la faisant cristalliser. On sépare le peu d'oléine que contient la stéarine en l'agitant avec de l'eau, et l'exposant à une température assez basse pour figer la stéarine; par la même opération on sépare l'oléine de la stéarine de toutes les autres graisses.

La stéarine, provenant des graisses de bœuf, de mouton, ou de porc, est blanche, insipide et inodore, lorsqu'elle n'a pas été exposée au contact de l'air ; elle est fusible à 44 c°, soluble dans 6,25 d'alcool bouillant, d'une densité égale à 0,795, et cristallisant en petites aiguilles.

2

Il y a entre les stéarines une variété de propriétés suivant la graisse d'où elles ont été extraites, surtout relativement à leur degré de fusion, à leur solubilité dans l'alcool, et la quantité de matière saponifiée qu'elles donnent.

Ainsi dans la *stéarine humaine* fondue le thermomètre descendit à 41 C°, et remonta à 49.

La *stéarine de mouton* id.; il descendit à 40° et remonta à 43°.

La *stéarine de bœuf* id.; il descendit à 39°,5 et remonta à 44.

La *stéarine de porc* id.; il descendit à 38° et remonta à 43.

La *stéarine d'oie* id.; il descendit à 40° et remonta en une masse plane.

Sous le rapport de leur solubilité dans l'alcool; 100 parties de ce menstrue bouillant, et d'une densité égale à 0,7952 ont dissout, toujours d'après M. Chevreul :

de stéarine humaine . . . 21,50 parties.
— de mouton . . 16,07
— de bœuf. . . . 15,48
— de porc : . . . 18,25
— d'oie 36,00

Nous sommes portés à croire que cette différence de solubilité dans l'alcool pourrait bien reconnaître pour cause la présence de plus ou moins d'oléine que ces stéarines pourraient bien retenir. Les alcalis réagissent sur la stéarine et la décomposent. En effet, si l'on prend deux parties de potasse caustique, trois de stéarine, et douze d'eau, et qu'on les fasse chauffer dans un matras, elle se saponifie peu à peu, et se convertit en acides margarique, oléique, et le plus souvent stéarique, et en glycérine. L'expérience a démontré que toutes les stéarines ne produisaient pas une égale

quantité de matière saponifiée ; ainsi 100 parties de
stéarine saponifiée ont donné à M. Chevreul : celle

	graisse saponifiée.	matière soluble.
de l'homme	94,9	5,1
de mouton	94,6	5,4
de bœuf	95,1	4,9
de porc	94,65	5,35
d'oie	94,4	5,65

La stéarine des graisses et celle des huiles ont
été analysées par MM. Chevreul et de Saussure :
voici le résultat de leurs recherches.

100 stéarine	carbone.	hydrogène.	oxigène.	azote.
de graisse de mouton	78,776	11,770	9,454	0
d'huile d'olive	82,17	11,238	6,302	0,296

Cette analyse offre un fait très curieux, c'est que
la stéarine végétale est azotée, tandis que la stéarine animale ne l'est point, et qu'elle est beaucoup
plus oxigénée et moins carbonée. Les arts se sont
emparés de la stéarine ; on en fabrique des bougies
qui se rapprochent beaucoup de celles que l'on fait
avec la cire.

Acide stéarique.

Cet acide se forme par la réaction des alcalis caustiques sur la stéarine ; pour le préparer on fait
bouillir 100 parties de saindoux, de graisse de
mouton ou de celle de bœuf, avec autant d'eau et
25 de potasse caustique ; on agite de temps en
temps la matière, en ayant soin d'ajouter de l'eau
au fur et à mesure qu'elle s'évapore. Lorsque la
saponification est complète, on sépare le savon de
l'eau, et on le traite à froid par le double de son

poids d'alcool à 0,821 lequel s'émpare de l'oléate
de potasse, sans presque attaquer les margarates
et les stéarates de cet alcali. Au bout de vingt-quatre
heures, on filtre la liqueur, en ayant soin de laver
le filtre avec de l'esprit-de-vin. On sépare le stéarate des margarates en les traitant par l'alcool bouillant et reprenant successivement le dépôt que forme
ce menstrue par de nouvel alcool également bouillant. Par ce moyen le margarate se dissout totalement, tandis qu'une partie du stéarate se précipite.
On met l'acide stéarique à nu en décomposant le
stéarate de potasse par l'acide hydrochlorique.

L'acide stéarique pur est blanc, sans odeur ni saveur ; il est plus léger que l'eau, se fond à 70° et
donne par le refroidissement, des cristaux en aiguilles brillantes, très blanches et entrelacées ; il
rougit à chaud la teinture de tournesol ; il est insoluble dans l'eau, et très soluble dans l'alcool à 70° c°.
Il s'y dissout en toutes proportions et s'en précipite
par le refroidissement en grandes écailles brillantes. Cet acide brûle comme la cire.

Avec la potasse il forme un sel qui est, en petites
paillettes, ou en larges écailles brillantes, soluble
dans l'alcool, sans altération ; l'éther bouillant lui
enlève une partie de son acide ; il se dissout dans
vingt-cinq fois son poids d'eau bouillante ; cette
dissolution étendue de mille fois son poids d'eau,
est décomposée : la liqueur retient un peu de stéarate
de potasse, et il se dépose un bi-stéarate insoluble,
qui est en petites écailles nacrées.

Avec la soude, il se produit un sel en plaques
demi-transparentes, ou en espèces de cristaux
brillans qui est soluble dans l'alcool, insoluble et
inaltérable dans l'eau froide : l'eau bouillante le
dissout. Lorsqu'il y a 2 ou 3,000 parties de ce liquide sur une de ce sel, il s'en opère la décomposition, et tandis que la liqueur tient en dissolution
du sous-stéarate de soude, contenant, comme ce-

lui de potasse, fort peu d'acide, il se précipite du bi-stéarate de cet alcali.

L'acide stéarique pur est composé d'après M. Chevreul de

$$
\begin{aligned}
\text{Carbone} &\ . \ . \ 80,145 \\
\text{Hydrogène} &\ . \ 12,478 \\
\text{Oxigène} &\ . \ . \ . \ 7,377 \\
\hline
&\quad 100,000
\end{aligned}
$$

Acide margarique.

On trouve cet acide tout formé dans le gras des cadavres; on le prépare en traitant la graisse de porc, ou mieux, la graisse humaine par la potasse. Cette dernière graisse est préférable, attendu qu'elle ne produit par cette réaction que des acides oléique et margarique, d'où l'on sépare aisément le premier au moyen de l'alcool.

L'acide margarique a un aspect nacré; il fond à 60 c° et cristallise en aiguilles entrelacées, moins brillantes, et plus rapprochées que celles de l'acide stéarique; il est insoluble dans l'eau, très soluble dans l'alcool, rougit les teintures de tournesol à chaud, et forme des sels qui se rapprochent beaucoup des stéarates.

Nous avons déjà dit que la proportion d'oléine et de stéarine variaient dans les huiles; une analyse de toutes les diverses espèces ne pourrait qu'être du plus grand intérêt : nous allons, en attendant, faire connaître celles que M. Braconnot a données des huiles de colza, d'olive et d'amandes douces; d'après ce chimiste 100 parties de chacune de ces huiles sont composées de

	matière grasse liquide analogue à l'oléine.	matière grasse solide analogue à la stéarine.
Huile de colza.	54	46
— d'olive.	72	28
— d'amandes douces.	76	24

Composition élémentaire des huiles.

Toutes les huiles n'ont point encore été analysées ; un pareil travail serait cependant bien intéressant, car il y a de grandes variétés dans les huiles et dans leur composition ; MM. Gay-Lussac et Thenard (1), ainsi que M. de Saussure, en ont entrepris quelques unes que nous allons exposer dans le tableau suivant.

NOMS des huiles analysées.	carbone.	hydrogène.	oxigène.	azote.
d'olive.........	77,21	13,36	9,43	0
d'amandes douces..	77,463	11,481	10,828	0,288
de noix.........	79,774	10,570	9,122	0,534
de lin..........	76,014	11,351	12,635	0
de ricin........	77,178	11,034	14,788	0

La présence de l'azote dans les huiles d'amandes douces et de noix, nous paraît provenir des substances étrangères qu'elles contiennent ; j'en ai examiné ; que j'avais dépurée par l'acide sulfurique, sans y avoir rencontré aucune trace d'azote : un pareil résultat nous paraît favorable à cette opinion.

Nous avons cru, dans ces considérations générales sur les huiles, devoir nous étendre sur tout ce qui se rattache aux recherches auxquelles elles ont donné lieu, parce que écrivant dans un siècle où les sciences ont fortement contribué aux progrès des arts, il faut nécessairement mettre les arts au niveau des sciences qui s'y rattachent : nous avons donc suivi à la lettre cet utile axiome :

Indocti discant, ament meminisse periti.

(1) *Recherches physico-chimiques.*

SECONDE PARTIE.

EXAMEN DES HUILES DOUCES.

Huile d'olive.

L'OLIVIER, cet arbre précieux que les Grecs regardèrent comme l'emblème de la paix, est un des plus beaux présens que la nature ait fait à l'homme; il occupe un rang si distingué dans l'agriculture, l'économie animale et les arts, que Caton, Varron, Columelle et Palladius n'ont pas craint de l'appeler *le premier de tous les arbres.* Les diverses espèces connues sous le nom générique d'*olea Europea* (1), en français *olivier*, sont distinguées par les Arabes sous celui de *zaiton* ou *saiton;* par les Allemands, d'*œlbaum;* par les Espagnols, d'*olivo* et *aceituno*, et par les Italiens d'*olivo domestico.*

Il est impossible d'assigner l'époque à laquelle l'homme fit la découverte de l'olivier et l'appliqua à ses besoins. Que la mythologie l'ait attribué à Minerve (2) et l'ait désigné comme l'emblème de la paix, je n'en suis pas surpris. La Grèce, qui fut le berceau des sciences et des arts, accorda l'immortalité à tous ceux qui se distinguèrent dans l'une ou dans l'autre carrière, ainsi qu'à ceux qui furent les bienfaiteurs de l'espèce humaine. Ils rapportaient toutes les inventions utiles à la divinité; il n'est donc pas étonnant qu'ils aient fait une pareille application de l'olivier. Les Athéniens étaient si convaincus de l'utilité de cet arbre, que l'Aréo-

_____

(1) Linné, *Diandrie Monogynie.*

(2) On connaît le prix disputé par les dieux; il serait superflu de rapporter ces détails.

page avait nommé des inspecteurs pour veiller à leur conservation, et qu'ils rendirent une loi qui défendait d'arracher, dans son propre fonds, plus de deux oliviers par an. Les contrevenans étaient condamnés à payer, pour chaque pied d'arbre, cent drachmes au dénonciateur et cent autres au fisc. (1)

Une autorité des plus respectables et des plus authentiques est celle de l'Ecriture-Sainte, qui, en parlant du déluge, rapporte que la colombe, que Noé fit sortir de l'arche, rentra portant à son bec une branche d'olivier. Il est encore question de l'olivier dans la Passion de Notre Seigneur Jésus-Christ. C'est au jardin des oliviers qu'il offrit pour nous son auguste sacrifice, et la montagne des olives subsiste encore à Jérusalem. Suivant Eusèbe et Diodore de Sicile, cet arbre est originaire de Saïs, ville d'Egypte, d'où Cécrops le transporta dans l'Attique (2). Quoi qu'il en soit de cette opinion, nous savons que ce sont les Phocéens qui, après avoir fondé Marseille, environ cinq cents ans avant l'ère chrétienne, plantèrent sur les côtes de la Méditerranée les différentes espèces qu'on y rencontre. Cet arbre utile a fixé l'attention de tous les agronomes, et il en est qui l'ont étudié d'une manière particulière : tels sont MM. de la Brousse et Ferrier, dans des mémoires insérés dans le *Recueil des édits de la province de Languedoc*, 1774 et 1775; Duhamel, dans son *Traité des arbres et des arbustes*; Guis, dans son *Voyage en Grèce*, *Vettori, delle lodi et della cultivazione degli ulivi*; l'abbé Rozier, dans son *Cours d'agriculture*; et MM. de Labouïsse, Barthez de Marmorières, père de l'Hippocrate français, dans son *Traité de l'olivier*. Ce dernier ouvrage

_____

(1) *Voyage d'Anacharsis*, in-4°, tom. III, pag. 191 et 192.

(2) *Ibid.* tom. I, pag. 4.

est pour ainsi dire classique, pour la contrée qui le vit naître. (Narbonne.)

L'olivier est un arbre très délicat, qui se plaît dans les pays tempérés, et mieux encore dans les pays chauds (1). Aussi en Espagne et en Italie, résiste-t-il mieux aux frimas, et l'emporte-t-il par la durée de sa vie, sa beauté et la qualité de ses produits, sur ceux de la lisière des côtes de la Méditerranée. Ceux que les Espagnols transportèrent au Pérou, et dans les environs de Lima, sont encore plus beaux que ceux d'Espagne et d'Italie, ils vieillissent davantage, et donnent une huile meilleure et plus abondante. C'est un des arbres qui craignent le plus les froids rigoureux. Aussi les hivers de 1476, dont parle l'histoire de Languedoc ; ceux de 1607 et 1608, dont il est question dans l'histoire de Montpellier ; ceux de 1709, 1766, 1769, 1789 et 1794 enlevèrent la presque totalité des oliviers.

On a agité la question si, à plus de quinze lieues de la mer, les oliviers pouvaient croître ; presque tous les agriculteurs ont été pour la négative, d'après cette assertion de Théophraste, qu'ils ne pouvaient pas vivre dans les terres éloignées de quarante milles, distance que Columelle agrandit de dix milles, ce qui fait cinquante. L'opinion de Théophraste était aussi celle des Grecs, puisque le savant Barthélemy dit qu'Euthymène l'avait émise quarante-trois ans plus tôt. *On prétend*, dit-il, *que les oliviers ne prospèrent point quand ils sont à plus de trois cents stades de la mer.* L'expérience a cependant

_____

(1) « Au premier rang de ces anciennes productions de la terre, qui offrent encore quelque spéculation au commerce, mais qui appuyées d'une bonne administration deviendraient si florissantes, on doit placer l'olivier ; aucun climat, aucun terrain ne lui est plus propice que celui de Candie. » (*Voyage en Grèce*, par C.-S. Sonnini.)

démontré le contraire. Ceux qui croissent à Ty-
rano, dans la Valteline, dans le comté de Devon en
Angleterre, en sont un exemple (1); et pour citer
une expérience particulière, dit M. de Labouïsse,
mon père en avait deux très beaux et très produc-
tifs à Saverdun dans son domaine de *Coulommiers*,
qui périrent comme ceux du Bas-Languedoc, par le
rude hiver de 1789; cependant il faut convenir que
ces oliviers ne vivent pas aussi long-temps, ne
sont peut-être pas d'une aussi belle végétation, et
ne rapportent pas autant. Il en existe une lisière de
Narbonne à Rennes-les-Bains; arbres chétifs et ra-
bougris, ils n'ont presque de l'olivier que le nom.

Il est maintenant bien prouvé que parmi les
diverses espèces il en est de plus vivaces les unes
que les autres. Si elles étaient connues, l'agriculture pourrait, dans les contrées éloignées de la
mer, s'enrichir de l'arbre de Minerve. Les agronomes s'en sont beaucoup occupés, sans les classer,
sans les décrire, et la plupart des botanistes se sont
contentés de les comprendre sous le nom collectif
d'*olea sativa*, *olea europea*. Mais Bauhin, Magnol,
Tournefort, Garidel et surtout Goüan, se sont ar-
rêtés davantage aux principales; Linné ne parle
que de quatre; cela n'est pas étonnant. Cet illustre
botaniste habitait le Nord, il n'a pu par conséquent
bien observer les productions du midi, qui, d'ailleurs, pour l'olivier, n'ont presque reçu que des
dénominations françaises, prises de la grosseur et
de la forme du fruit. Il faut encore remarquer
qu'il croît dans des terrains particuliers, et ne se
trouve pas également partout. On pense même
que, transplanté souvent à dix lieues plus loin, il
ne réussit pas bien. Le département de l'Hérault

---

(1) M. Berthier, dans son *Traité de l'Olivier*, indique
d'autres exemples.

est peut-être celui qui en offre le plus grand nombre et les plus belles variétés. Voici les plus connues.

1°. *Olea sativa majori, angulosa, oblonga, amygdali forma.* Goüan ; *hortus regius monsp. olive amelodes, amélenco* ; extrêmement grosse et très charnue ; elle est particulièrement recherchée pour la table. C'est une de celles que l'on confit à Gignac, où l'on en fait un grand commerce.

2°. *Olea fructu maximo.* Inst. rei. herb. 795. Cette espèce est désignée sous le nom d'olive d'*Espagne*, d'*ampourdan* (*redounello*). Presque aussi grosse que la précédente, de forme ovoïde, et aussi fort recherchée.

3°. L'olive crête de coq (*cresto-dé-gal*). Cette espèce paraît être la même que celle que Tournefort a décrite dans l'ouvrage précité ; Inst. rei. herb., sous le nom d'*olea fructu majori, carne crassa* ; et que Cæsalpin appelle *olivæ regiæ* ; elle est aussi grosse que la première, et terminée par le bout opposé au pédoncule par une pointe en crochet ; c'est la plus recherchée, la plus chère et la meilleure. Ces trois espèces craignent beaucoup les frimas (*Olive luc*).

4°. *Olea fructu albo* de Tournefort ; *olive rose*, petite et de couleur tirant sur le blanc.

5°. *Olea fructu oblongo, atro-virente* ; Inst. rei. herb. *olive ginestale* ; elle se rapproche de la *crête de coq*, elle en diffère en ce qu'elle n'a point de crochet au bout ; elle est aussi longue sans être aussi grosse ; se confit aussi, mais seulement lorsqu'elle est noire, ou pour mieux dire, en pleine maturité ; hors de ce cas elle est de mauvais goût.

6°. *Olea fructu oblongo, olivæ oblongæ, atro-virente* de G. Bauhin, *olive olivière.* C'est la plus commune ; elle se trouve dans toute la Provence, le Roussillon et le Languedoc ; c'est celle que Columelle appelle *sergia.*

7°. *Oliva minora oblonga* (Goüan et Tournefort). *Olivæ minoræ* (G. Bauhin pig. 472). *Olive picholine* ;

semblable à la précédente, mais de moitié plus petite. Cette variété est très commune, surtout dans le Roussillon.

· 8°. *Olea precox* (Goüan). *Olive mauraude* ou *nigrale*, de la grosseur de l'olivière, et d'un vert tirant sur le noir ; ses fruits sont précoces.

9°. *Olea media oblonga, fructu cormi.* Le cormeau ou fruit de cormier.

10°. *Olea maxima subrotonda* (Goüan).

· 11°. *Olea minor, rotonda ex rubro et nigro variegata* (Tournefort).

· 12°. *Olea media rotonda precox* (Tournefort).

J'ai eu occasion d'observer toutes ces espèces dans le beau domaine de M. Ducros de Saint-Germain, connu sous le nom de *la Briffaude*, et situé dans le département de l'Hérault.

Les olives dites *amandes rondes* et *crêtes de coq*, sont des espèces qui, quoique très charnues, ne donnent presque pas d'huile, la première surtout ; aussi les oliviers qui les produisent ne sont-ils cultivés que pour la préparation du fruit. La quatrième et la cinquième espèce en donnent un peu plus ; enfin l'*olivière* est celle qui en fournit le plus et de meilleure qualité ; aussi est-elle la plus répandue. La *pichouline* est, après elle, celle qui produit le plus d'une huile qui a une teinte verdâtre, et un goût agréable. M. Barthez pense que si les diverses espèces ne viennent pas également sur toute la côte, c'est que les frimas sont plus ou moins mortels, suivant les lieux. Cela pourrait être vrai ; il me paraît cependant qu'on en pourrait trouver une autre cause. Une longue expérience ayant appris à l'agriculteur quelles sont celles qui donnent le plus d'huile, il a dû s'attacher de préférence à les cultiver, et laisser les autres aux pays qui les exploitent pour les confire ; au reste, je n'émets cette opinion que comme une hypothèse probable ; que les agricoles du pays la jugent, je n'appellerai pas de leur jugement.

De la culture de l'olivier.

Comme presque tous les arbres à fruit, l'olivier abandonné à la nature se détériorerait bientôt, donnerait peu de fruit, et de mauvaise qualité ; aussi trouve-t-on dans les divers ouvrages d'économie rurale, d'excellens préceptes sur leur culture ; je ne sais sur quel fondement l'Homère des Latins à dit dans ses Géorgiques : *Non est oleis ulla cultura* ; cette erreur est bien étrange chez un aussi grand poète, estimé autant par l'exactitude des faits (1) que par l'élégance, la grâce et la correction du style. L'expérience prouve que l'olivier non cultivé devient semblable à celui qu'on désigne par sauvage ; on doit donc le travailler une ou deux fois chaque année, ne commencer à le faire qu'après les fortes gelées, le fumer quand le besoin l'exige, et l'arroser lors des grandes sécheresses.

L'exposition au midi et au sud, est celle qui convient le mieux à cet arbre, et surtout les endroits abrités ; ceux qui croissent sur les hauteurs, sont victimes des nombreuses variations de l'atmosphère, languissent et donnent peu de produits ; on assure aussi que plus il s'éloigne de la Méditerranée, et moins il prospère. Le sol où il se plaît le mieux est celui qui offre un heureux mélange de terres calcaires, siliceuses et argileuses, cet arbre ayant quelque rapport avec la vigne, ainsi que je le dirai plus bas. Les terres trop fortes ou trop légères ne peuvent lui convenir (2).

_____

(1) Sauf quelques préjugés agricoles, qui tiennent au temps où il écrivait.

(2) Ma famille possède une maison de campagne où l'on voit, dans une terre légère, un très bel olivet, dit la *Planasse*, qui ne rapporte presque pas de fruit, tandis

On a proposé divers moyens propres à multiplier les oliviers; Caton et Columelle ont indiqué un procédé que M. Ferrier a reproduit dans le dix-huitième siècle; il consiste à détacher des souches des oliviers, des morceaux de bois recouverts d'écorce propre à donner des yeux pour les rejetons, et de les enfouir dans la terre à un pied de profondeur. M. Barthez en a proposé un plus ingénieux, en employant de petits tronçons d'arbres (1). Depuis quelques années on fait des provins avec des branches qu'on enterre en partie, et qu'on sépare de l'arbre quand les racines ont poussé et sont assez fortes; mais les rejetons qui croissent sur la souche des oliviers, offrent un moyen plus assuré; et c'est la manière qu'on emploie pour les repeupler après les hivers rigoureux qui en ont opéré la mortalité. Tous les auteurs s'accordent à dire que dans ces circonstances l'arbre meurt, mais jamais les racines; et qu'après qu'il a été coupé au niveau de la terre, il pousse bientôt plusieurs rejetons qu'on détache et qu'on transplante ailleurs. On a observé qu'à la place des arbres qui ont été tués par les froids, on trouve le plus souvent deux sujets et quelquefois trois; on a vu plusieurs agriculteurs couper des oliviers peu vigoureux, afin d'obtenir plusieurs rejetons semblables; on peut enfin semer des pépinières, mais ce dernier moyen est un peu trop long.

Il me reste encore une question à traiter; peut-on employer à une autre culture les terreins consacrés aux olivets, ou doit-on se contenter de travailler

---

qu'à cent mètres de distance, un autre olivet, planté dans une bonne terre, et composé d'oliviers de la même espèce, est très fertile.

(1) On peut consulter son *Traité* avec avantage. Les bornes de cet Essai ne me permettent pas d'entrer dans tous les détails qu'un objet si intéressant exige.

l'arbre sans rien semer autour de lui? Il est certain
que dans les terres légères la récolte des grains
est fort mauvaise, et nuit beaucoup à la production de l'olivier, comme celui-ci nuit à son tour
à la production des céréales ; sous ce point de vue,
il vaut mieux se contenter d'une seule récolte ;
mais les olivets qui sont dans de bonnes terres, peuvent supporter cette concurrence plus utile et
plus fructueuse à l'agriculteur. En général, les
oliviers s'accordent mieux avec la vigne qu'avec
les céréales.

De la taille.

Une des plus importantes opérations de la culture des oliviers, c'est la taille ; elle influe singulièrement sur leur production : cependant les agriculteurs ne suivent pas pour cela de règle fixe ; il
en est qui les taillent chaque deux ou trois ans,
d'autres tous les quatre ou cinq. Columelle conseille de ne le faire que chaque huit ans ; M. de la
Brousse annuellement ; M. Barthez de deux en
deux ans. En Roussillon, on suit une méthode
opposée, qui est la collection de ces divers procédés. On taille l'olivier annuellement, mais le quart
de l'arbre seulement, de manière qu'au bout de
quatre ans on renouvelle tout le bois, lequel se
trouve par conséquent toujours jeune. L'opération
recommence et continue de quatre en quatre ans,
ce qui réussit très bien dans ce pays, où les oliviers sont très beaux et très vigoureux. En Espagne, et principalement en Catalogne, dans les
environs de Figuières, de Roses, de Mataro, de
Reuss, de Barcelone, on les taille comme des sau-
les, de manière que ces arbres sont constamment
couverts de bois jeune. La température douce de
ce climat s'accommode fort bien de cette taille,
qui leur serait meurtrière dans le midi de la
France.

De l'huile d'olive et de sa préparation.

La connaissance de l'huile d'olive remonte aux premiers âges du monde ; on voit dans la Genèse que du temps d'Abraham on s'en servait pour les lampes (1) ; dans l'*Exode* (2) on lit aussi que Dieu ordonna à Moïse de faire une huile composée destinée à la consécration ; dont nous donnerons connaissance des principes constituans. On trouve même dans le livre de Job un procédé pour fabriquer celle d'olive, qui ne diffère presque en rien de celui que l'on suit encore en Espagne et dans le midi de la France. Il en est beaucoup parlé aussi dans l'*Epître de saint Jacques,* par Tertullien, ainsi que dans saint Augustin, saint Cyprien, saint Jérôme, Eusèbe, etc. L'histoire rapporte que ce fut Cécrops qui, le premier, apporta de Saïs à Athènes l'olivier qui était cultivé de temps immémorial dans cette ville de la Basse-Égypte, et qu'il apprit aux Athéniens l'art d'en extraire l'huile ; c'est par ce moyen, dit Hérodote, que l'usage en fut connu et propagé en Europe (3). Suivant toutes les traditions, l'Egypte est réputée comme le berceau des sciences et des arts, qui des Egyptiens passèrent aux Grecs, de ceux-ci aux Romains, et des Romains à tous les autres peuples. Cependant, malgré que l'usage de l'huile fût connu de temps immémorial en Egypte, il est démontré que les Grecs n'en avaient aucune notion pour l'éclairage, lors du siége de Troie : on n'a qu'à parcourir attentivement les écrits d'Homère pour se convaincre que l'emploi des lampes leur était inconnu, et que le Roi des rois, comme l'humble artisan, étaient éclairés par des torches de bois.

_____

(1) *Genèse,* XV, 17.
(2) Chapitre 30.
(3) Lib. II, 59 et 62.

Les anciens retiraient deux espèces d'huile des olives, suivant qu'elles étaient encore vertes ou mûres; la première portait le nom d'omphacine. Celle qui provient des olives noires ou bien mûres, lorsqu'elles ont été bien préparées, est d'un jaune doré, qui tire quelquefois sur le vert, surtout quand elle est extraite de la variété connue sous le nom de *picholine*, laquelle est très abondante dans le Roussillon et une partie de la Catalogne. Quelquefois aussi cette couleur varie du jaune ambré au jaune verdâtre, au jaune bleuâtre, et sa saveur est douce et agréable; elle a une légère odeur *sui generis*, qui est agréable; elle est onctueuse au toucher; elle est un peu trouble quand elle est récemment préparée, mais bientôt elle s'éclaircit et devient transparente, ou, en termes de commerce, *lampante*, en déposant un marc noirâtre très onctueux, qui est composé d'huile et d'une matière mucilagino-extractive qui donne des traces d'azote. Le poids spécifique de cette huile est le même que celui de l'huile de navette, c'est-à-dire de 0,913; elle est insoluble dans l'eau et très peu soluble dans l'alcool et l'éther; elle bout au-dessus de 315 c°, et laisse sur le papier une tache qui ne disparaît point par l'action du calorique : cette propriété, qui lui est commune avec les autres huiles fixes, la distingue des huiles volatiles. Exposée à l'action du feu, une partie se décompose et produit du gaz hydrogène percarboné, etc, dont on fait un si bel emploi pour l'éclairage, tandis que l'autre se volatilise dans un état d'altération tel, que sa couleur est plus intense, sa saveur forte, et qu'elle est plus légère et plus fluide; c'est ce que les alchimistes appelaient *huile des philosophes*. L'huile d'olive est solide à + 10 c°; lorsqu'elle reste exposée à l'air, elle rancit promptement; et, ce qui est digne de remarque, c'est que cette action est d'autant plus vive, que l'huile est moins pure. Les acides, les oxides et les alcalis agissent sur cette huile comme sur celles qu'on appelle douces, à l'exception de celle de ricin, et avec cette différence qu'elle donne avec la soude des savons durs, tandis que ceux que cet alcali produit avec les huiles extraites des graines oléagineuses est mou : 100 livres d'huile d'olive saponifient environ 54 parties de soude caustique à 36.

Préparation de l'huile d'olive en Espagne.

Lorsque la fièvre jaune se déclara à Barcelone, je m'y rendis et j'y restai jusqu'au mois de juillet de l'année suivante pour attendre si elle s'y montrerait de nouveau. Pendant ce temps je parcourus avec soin ce beau pays, qu'aucun naturaliste n'a encore exploité, quoiqu'il soit à nos portes. Au pied des nombreuses mines qu'on trouve dans les Pyrénées espagnoles, et leurs ramifications, le voyageur découvre des plaines riantes qui forment comme des forêts d'oliviers; leur culture y est très soignée, mais l'exploitation de l'huile y est très négligée : comme dans l'extrême midi de la France l'ignorance et l'aveugle routine y repoussent toute amélioration. Nous partageons sur ce point l'opinion de M. le baron Dupin, qui, dans la carte où il a classé les peuples d'après leur degré d'instruction, a donné à ces contrées une teinte noire.

Pour fabriquer l'huile d'olive, les Catalans les cueillent dans leur état de maturité, c'est-à-dire vers la fin d'octobre; lorsqu'elles ont acquis un beau noir, ils les portent dans de vastes celliers, souvent découverts, où ils les entassent : les olives ne tardent pas à s'échauffer et à abandonner une grande partie de leur eau de végétation, qui est noirâtre; bientôt après elles se moisissent et acquièrent une odeur forte et désagréable. Leur indolence est telle, qu'ils n'opèrent l'extraction de

l'huile de ces olives, que plusieurs mois après :
j'en ai vu fabriquer encore au mois de juin avec des
olives récoltées l'année précédente en octobre;
aussi l'huile qui en provient a-t-elle généralement
une couleur verdâtre et un goût fort, que les
Espagnols préfèrent à l'huile douce, attendu
qu'il en faut moins pour donner de la saveur aux
alimens. Si l'huile d'Espagne était fabriquée avec
quelque soin, elle serait délicieuse ; les olives
étant portées au moulin, y sont traitées comme
dans le midi de la France. Nous renvoyons donc
le lecteur à ce que nous allons en dire.

Préparation de l'huile d'olive dans le midi de la France.

Les olives sont en pleine maturité dans le mois
de novembre, dans le midi de la France, et c'est
à cette époque qu'on cueille à la main celles qui se
trouvent sur les rameaux les plus bas, et que l'on
abat avec des perches celles qui se trouvent sur les
plus élevés. Comme ce pays est très venteux, il
arrive qu'avant leur cueillette et leur maturité le
vent en fait tomber plus ou moins ; les propriétaires ont soin de les faire ramasser ; et, quoiqu'elles ne soient point mûres, ils les conservent
pour les mêler avec les autres. Cette manière d'o-
pérer est très vicieuse, attendu que ces olives communiquent à l'huile un goût qu'on appelle de
terre, et en altèrent la qualité. Pour qu'elles ne
soient point perdues, il vaudrait beaucoup mieux
en faire extraire l'huile à part, et appliquer cette
huile à l'éclairage. Au fur et à mesure que l'on
cueille les olives, on les porte dans un cellier, sur
le plancher duquel on a placé des sarmens recouverts d'un peu de paille, on les y verse dessus;
par ce moyen elles ne touchent point au sol, et
l'écoulement de l'eau de végétation se fait beau-

coup mieux. Ces olives, comme nous l'avons déjà
dit, s'échauffent, abandonnent une liqueur noirâtre et finissent par se moisir; les propriétaires
les gardent au cellier depuis quinze jours jusqu'à
un mois et demi, et cela à cause d'un préjugé que
nous allons tâcher de détruire. L'expérience leur
a démontré qu'un sac ou une comporte de ces
olives, ainsi fermentées, leur donnent une mesure
d'huile d'environ 26 livres, tandis qu'une même
quantité de fraîches n'en donne pas autant; mais
il existe ici une erreur qu'il est bon de leur faire
connaître. Il est vrai, comme l'observation le leur
a démontré, qu'un sac d'olives fraîches ne donne
pas une mesure d'huile, et qu'environ 37 sacs ne
donnent que 30 mesures; mais, d'un autre côté,
il faut considérer que ces 37 sacs, après avoir
perdu une grande partie de leur eau de végétation
et avoir fermenté, se trouvent réduits à 30, qui
donnent alors 30 mesures, ce qui revient au même,
et que dès lors c'est un moyen des plus vicieux d'altérer gratuitement la qualité de l'huile. On devrait
donc les mettre dans les celliers, en couches peu
épaisses, les remuer de temps en temps, et ne pas
les y laisser faire un long séjour. Dès que les olives
sont arrivées au moulin, on les dépose dans une
case connue sous le nom de *grunel*, pour y rester
jusqu'à ce que le tour du propriétaire soit arrivé
pour cette extraction; alors les olives sont placées
peu à peu sous une meule semblable à celle qui
sert aux tanneurs à pulvériser les écorces de chêne.
Quand elles sont réduites en pâte, on remplit de
cette pâte un certain nombre de cabas en esparterie
qui n'ont qu'une seule ouverture à la partie supérieure; on les empile les uns sur les autres, sur
deux rangs, et l'on fait agir sur eux une forte
presse. Cette première huile est connue sous le
nom d'huile vierge; elle va se rendre dans de
grandes cuves en pierre, dites *trégos*; on prend

alors ces cabas l'un après l'autre, et après en avoir
remué la pâte exprimée, on verse dans chacun
environ cinq litres d'eau bouillante, et on les soumet de nouveau à la presse. L'eau bouillante contribue à opérer la séparation de l'huile d'avec les
substances étrangères auxquelles elle est unie dans
l'olive; elle arrive donc chargée d'huile dans les
mêmes cuves où repose la première huile, si on
n'a pas le soin de la mettre à part. On renouvelle
l'opération en pressant horizontalement les cabas
entre les mains, et émiettant aussi le tourteau. On
y verse ensuite de nouvelle eau bouillante, et l'on
fait agir le pressoir : enfin, on continue de jeter de
l'eau bouillante jusqu'à ce qu'elle n'entraîne plus
d'huile. Quand l'opération est finie, on met les
tourteaux dans des comportes, et on les brûle dans
les ménages; mais il est des moulins dits à *pressoir
fort*, comme celui de Montagnac, où l'on passe de
nouveau ces tourteaux à la meule, et l'on en extrait par l'eau bouillante et le pressoir une huile
d'une qualité inférieure, mais très bonne pour
l'éclairage et pour faire du savon.

L'huile d'olive est tirée des cuves et portée dans
de grandes jarres en terre vernissée. L'eau qu'elle
surnage est comme laiteuse, et contient un peu
d'huile; on l'évacue dans une espèce de citerne
nommée *enfer*, où, par le repos, l'huile qu'elle tenait
en suspension s'en sépare, et vient nager à la surface de l'eau : aussi les maîtres des moulins ne man-
quent pas, à chaque opération, de laver à l'eau bouillante le pressoir et les cabas, afin d'augmenter
cette quantité d'huile qui reste à leur profit.

Quelques propriétaires croient s'être assurés
qu'en trempant les olives dans du bon vinaigre,
elles donnaient un dixième de plus d'huile. J'ai eu
occasion de voir plusieurs propriétaires des environs de Gignac, département de l'Hérault, qui
m'ont assuré qu'ils arrosaient leurs olives avec du

vinaigre, et que l'expérience leur avait démontré
que, par ce procédé, ils obtenaient beaucoup plus
d'huile. Il peut bien se faire que le vinaigre produise cet effet, en contribuant à dépouiller l'huile
du principe mucilagineux, comme opère l'acide
sulfurique employé dans la dépuration des huiles,
et dès-lors cela peut expliquer la plus grande
quantité d'huile obtenue par ce moyen. L'huile
d'olive des départemens de l'Aude, de l'Hérault
et des Pyrénées-Orientales, est susceptible de ri-
valiser avec les meilleures de Gênes et d'Aix.
Il suffit, pour cela, de ne pas mêler aux bonnes
olives celles que les vents ont fait tomber à terre
avant leur maturité. Nous blâmons fortement aussi
cette méthode vicieuse de les laisser pour ainsi dire
pourrir; cela ne peut que détériorer la qualité.
Nous croyons il est vrai qu'un commencement
de fermentation peut contribuer à augmenter la
quantité d'huile; mais nous conseillons de porter
les olives au moulin dès qu'elles ont abandonné
une partie de leur eau de végétation, et quand
elles commencent à s'échauffer.

Cette fabrication est susceptible de recevoir de
grandes améliorations, surtout du côté des pressoirs qui sont très défectueux; on pourrait y substituer ceux que nous conseillons pour les graines
oléagineuses. Mais comme il en est plusieurs qui
sont spécialement appliqués à l'extraction de
l'huile d'olive, et pour lesquels les auteurs ont
obtenu des brevets d'invention, nous avons fait un
grand nombre de recherches pour les obtenir, avec
les planches qui en facilitent et la connaissance et
la construction; nous espérons que nos lecteurs
nous sauront quelque gré des soins que nous nous
sommes donné; nous ajouterons, en terminant
cet article, qu'outre la Provence, le Languedoc et
la côte de la rivière de Gênes, où se récoltent les
meilleures huiles d'olive, on en fabrique, mais

de moindre qualité, à Naples, dans la Morée, dans quelques îles de l'Archipel, en Candie, en quelques lieux de la côte de Barbarie, et dans quelques provinces d'Espagne et de Portugal.

Extraction de l'huile d'olive par le procédé de M. Bory.

M. Bory, mécanicien à Béziers, a pris, en 1821, un brevet d'invention pour l'extraction de l'huile d'olive sans cabas; comme le terme de son brevet n'est pas expiré, nous nous bornerons à faire connaître ce qu'en a publié la *Bibliothèque Physico-économique* (1), janvier 1815, et les *Archives des découvertes* de la même année.

L'ancienne méthode d'extraire l'huile des pâtes d'olives était reconnue vicieuse depuis long-temps; 1°. en ce qu'on était obligé de se procurer de l'étranger, et surtout de l'Espagne, les cabas qui renferment la pâte d'olives; 2°. en ce qu'elle entraînait une perte considérable d'huile, par l'insuffisance des moyens de pression qui donnaient souvent lieu à la rupture des cabas; 3°. en ce que les pres-

_____

(1) Nous saisissons cette occasion pour recommander à nos lecteurs la *Bibliothèque Physico-économique,* le plus ancien journal sur les sciences, les arts et l'agriculture, fondé en 1782, par MM. Deyeux et Parmentier, continué par M. de Sonnini; il compte maintenant pour rédacteurs les hommes les plus recommandables dans ces mêmes parties; tels sont ce même M. Deyeux, ainsi que MM. Bory de Saint-Vincent, Pelletan, Lassaigne, Tollard, Richard, Lesson, Noisette, Delille, Civiale, Raspail, etc. Ce journal est spécialement consacré aux découvertes et perfectionnement de l'industrie nationale et étrangère, de l'économie rurale et domestique, de la physique, la chimie, la médecine vétérinaire, etc. Le prix est de 15 francs par an franc de port, chez Arthus-Bertrand, libraire, rue Hautefeuille.

surées étaient trop longues, qu'elles exigeaient beaucoup de bras.

Ces divers inconvéniens engagèrent plusieurs artistes à faire des recherches pour y remédier, et M. Bory est un de ceux qui paraît avoir le mieux atteint ce but : voici en quoi consiste son procédé, qui, à la vérité, était déjà pratiqué dans plusieurs industries, mais dont l'application à l'extraction des huiles est nouvelle. M. Bory substitue aux cabas, des sacs de toile ordinaire ou de treillis, qui renferment la pâte, et qu'il place dans des cylindres. Ces sacs sont ensuite pressés par des pistons en bois dur qui sont descendus dans les cylindres lorsqu'on met en jeu les pressoirs à vis, dont on fait usage pour le pressurage ordinaire des huiles. Dans les diverses contrées du midi, d'après des expériences comparatives faites à Béziers, par une commission spéciale nommée par le préfet de l'Hérault, il a été constaté que le procédé de M. Bory était non seulement plus expéditif que celui qui était en usage, mais qu'il économisait des bras, qu'il dispensait des cabas, et qu'il donnait un sixième d'huile de plus que par la méthode ordinaire. L'auteur assure que lorsqu'on sera bien au fait de l'application de son mécanisme, cette augmentation de produit sera d'un cinquième de plus. Cette méthode de M. Bory peut également être appliquée à l'extraction de l'huile de graines oléagineuses.

Voici maintenant les pressoirs et moulins pour lesquels on a obtenu des brevets d'invention. Nous regrettons de n'avoir pu obtenir celui de M. Moliné, pris en 1816 pour quinze ans, sa publication n'a pas encore eu lieu dans le bel ouvrage de M. Christian sur les machines et instrumens par brevet d'invention.

Moulin de campagne à l'usage des proprié-
taires ruraux , et propre à extraire les huiles
des olives ; par M. MARQUISAN. (Brevet
d'invention , tom. VII.)

Description du moulin.

Fig. 1ʳᵉ. Élévation, accompagnée de tous les
détails du moulin.

Fig. 2ᵉ. Élévation de la presse.

a, bloc circulaire en maçonnerie, sur lequel
repose le moulin.

b, meule gisante en pierre.

d, goujon avec vis, embâse et écrou, planté au
centre de la meule gisante.

e, étrier en fer encastré dans la meule *c ;* il est
percé, au centre, d'un trou pour recevoir le goujon *d*.

f, deux boulons avec écroux servant à réunir
l'étrier *e*, le suspensoir *g*, et la petite roue d'engre-
nage *h*.

i, trémie où l'on met les olives.

k, chariot servant à ramasser la pâte autour du
moulin, à la conduire sur le plan incliné *l*, et de là
dans le baquet *m*.

n, écrou du goujon *d*, servant à empêcher que
la graine ne soulève la meule supérieure.

Le suspensoir *g* est formé d'une barre de fer qui
est entaillée dans la meule *c*, et percée de trois
trous, l'un au milieu, pour recevoir le goujon *d*,
et les deux autres pour les boulons *f*.

Les écroux des boulons *f* servent à élever plus ou
moins, à volonté, la meule supérieure.

La roue dentée *h* du moulin engrène une autre
grande roue dentée *o*, qui a quatre fois autant de
dents qu'elle, et qui est portée par un arbre vertical *p* ; mis en mouvement par le levier *q*, dont la

longueur est égale à une fois et demie le diamètre
de la roue *o*.

Le pressoir est une vis en fer A , *fig.* 2ᵉ, portée
par un banc de bois, de dimension arbitraire, posé
sur deux baquets, ou sur deux bras de bois scellés
dans le mur : la vis est plantée au milieu de ce
banc, et y est retenue en-dessous par une forte
tête ; son écrou B est une croix formée de deux
bandes de fer de quinze centimètres de longueur,
dont le bout de chacune est relevé à angle droit :
c'est dans cette partie verticale de l'écrou que vient
s'engager le levier employé dans la pression de la
pâte, qui se fait ainsi par attraction.

Sur le milieu du banc est encore placée une
cuvette de fer-blanc, traversée par la vis : c'est
dans cette cuvette que s'empilent les cabas chargés
de la pâte des olives, traversés également par la
vis, et que s'écoule le liquide que la pression
extrait de la pâte.

Un vase, en espérance, est disposé pour recevoir ce liquide.

Manière d'opérer.

Après avoir cueilli les olives, on les dispose par
tas, pour leur faire acquérir, par la fermentation,
le degré de chaleur nécessaire à la plus abondante
extraction de l'huile ; le premier de ces tas, arrivé
à ce point, on le passe au moulin.

Si l'on veut avoir séparément l'huile, provenant
de la pulpe du fruit, il suffit de donner au moulin
assez de jeu pour que le noyau de l'olive en sorte
tout entier : par ce moyen, l'huile de l'amande est
séparée de l'huile de la pulpe.

La pâte de cette première passe sera mise sous
al presse pour en faire sortir l'huile, et les grignons
qui en résulteront seront amoncelés en réserve.

Lorsque toute la récolte sera ainsi passée, ce qui
aura donné une bonne huile vierge, les grignons

seront repris et mis en repasse dans le moulin, qui, dans ce cas, devra avoir bien peu de jeu, pour que la seconde pâte soit déliée le plus possible.

On est assuré de la perfection du moulin quand les produits qu'il donne proviennent de la partie la plus moulue des olives.

Pressoirs à huile, du département des Bouches-du-Rhône, par M. SINETTI.

On trouve dans le Bulletin de la société d'encouragement pour l'industrie nationale (1re. année, floréal an XI), une note de M. Sinetti sur les pressoirs à huile d'olive, que nous allons faire connaître. Ceux que l'on emploie à Marseille, ainsi que les procédés d'extraction de l'huile d'olive, sont à peu près les mêmes que ceux d'Aix. Dans ces moulins à huile, les vis des pressoirs sont mises en mouvement au moyen d'une longue barre qui entre dans un trou pratiqué à leur tête; et que font mouvoir plusieurs hommes; leur mauvaise construction les rend très défectueux; voici un perfectionnement que l'on doit à un propriétaire de Marseille.

Son pressoir, au lieu d'être enchâssé dans le mur en chapelle, est placé au travers du moulin, de manière qu'on peut le servir autour. Les vis, qui sont au nombre de trois, sont d'un tiers plus fortes que celles des pressoirs ordinaires; elles ont aussi une tête plus forte du double, cerclée de trois forts cercles de fer, et percées de quatre trous pour recevoir deux barres de presse; au lieu que les vis ordinaires ne sont percées que de deux trous, et ne sont mises en mouvement que par une seule barre.

Au moyen de ces trous, pratiqués sur chaque face de la tête des vis, on se sert d'une barre de chaque côté ; les hommes qui poussent à ces barres, tournent comme au cabestan.

On sent que de cette manière, la vis se trouvant au centre du mouvement des deux barres, fait le double d'effet que celle du pressoir à une seule barre par-devant, qui ne fait d'effet qu'à une seule extrémité, et sur une seule face de la tête de la vis; elle a de plus l'avantage de faire descendre perpendiculairement sur les câbles. La vis, plus forte, plus pesante, est mieux assujettie, ce qui divise également la pression, avantage précieux que n'ont pas les vis à une seule barre, qui prennent toujours une direction oblique pour peu qu'elles aient du jeu dans la barre. De cette manière la pâte se presse inégalement, et l'huile en est plus incomplètement extraite. Les vis de ce nouveau pressoir ont l'avantage sur les autres, outre leur force et leur pesanteur, d'être tournées au petit pas, de sorte qu'elles ont vingt-quatre cordons, tandis que les autres n'en ont que douze à quinze ; ce qui, en rendant la pression plus lente, augmente beaucoup la force ; le marc qu'on en retire est tellement sec, qu'en le rompant dans les mains il se pulvérise.

Procédés et machines propres à extraire l'huile des olives, par M. FAVRE, *de Marseille.* (Brevet d'invention.)

M. Favre a obtenu en 1812, un brevet d'invention de cinq ans, pour des machines et des procédés qui se trouvent décrits dans le tome VI du curieux ouvrage de M. Christian, intitulé : *Description des machines et procédés spécifiés dans les brevets d'invention, de perfectionnement et d'importation dont la durée est expirée.* Nous allons les faire connaître :

Description de la presse.

Cette presse, représentée sur ses pieds, *fig.* 3ᵉ, est composée principalement d'une cage A, d'une vis B, d'un écrou C, qui sert de guide à la vis, et d'une *maye* ou *maître* H, vue en plan, *fig.* 4ᵉ, sur laquelle on dispose les *scortins* I, contenant les matières destinées à être pressurées.

Le balancier ou levier, *fig.* 5ᵉ, de seize pieds de long, s'ajuste sur le carré S de la vis B, situé à la hauteur de la poitrine des hommes, qui sont placés à chacune des extrémités du levier pour lui imprimer le mouvement.

K, traverse supérieure de la presse représentée en plan, *fig.* 6ᵉ; elle est percée dans son milieu d'un trou L, pour le passage du prolongement de la vis B.

La vis B, porte une bague M, de repos, fixée par des vis, et pouvant s'enlever au besoin; l'objet de cette bague est d'empêcher la vis de descendre, et de supporter cette vis, l'écrou avec sa cage et le levier.

Dans cette presse la vis reste en place, c'est l'écrou qui monte et descend, selon qu'on tourne à droite ou à gauche.

Fig. 7ᵉ, plan de l'écrou en cuivre, contre lequel sont ajustées deux pièces N, *fig.* 3ᵉ et 8ᵉ, entre lesquelles se trouvent l'écrou et la vis; l'écrou pourrait être taillé à six pans, et les deux pièces N seraient remplacées par six autres pièces plus minces, qu'on fixerait par des vis contre les pans de l'écrou, aussi-bien qu'à la traverse D E, vue en plan, *fig.* 9ᵉ, percée d'un trou de la forme de l'écrou, qu'elle embrasse et tient en respect; ces six pièces ou montans, seraient, comme le sont les deux pièces N, fixées au plateau F G, vu en plan, *fig.* 9ᵉ; de cette manière, elles formeraient une cage solide, au centre de laquelle serait la vis B.

O, *fig.* 3e, conduit par où sort l'huile.

P, traverse inférieure de la presse, vue en plan, *fig.* 11e.

La cage doit être enterrée dans une bonne maçonnerie, jusqu'à peu près la hauteur de la surface supérieure de la maye H. Un trou est pratiqué en terre à l'endroit du conduit O, pour y placer le broc qui reçoit l'huile.

Les montans de la cage doivent être fixés solidement, à leur partie supérieure, à des solives appuyées sur des murailles; sur ces solives sera disposé un plancher circulaire, où marcheront les personnes chargées de tourner la vis.

Pour empêcher le balancier de fléchir, à chacune de ses extrémités sera ajusté un cylindre appuyant sur une balustrade, qui régnera au pourtour du plancher circulaire, et qui s'élevera à la hauteur du balancier.

Calcul des forces établi sur la formule reçue en mécanique; que, *si une puissance presse à l'aide d'une vis, la puissance sera à la résistance, comme la hauteur d'un des filets de la vis est à la circonférence du cercle que décrit la puissance appliquée au levier qui fait mouvoir cette vis.*

Deux hommes appliqués au levier, *fig.* 5e, l'un à l'extrémité de droite, l'autre à l'extrémité de gauche, appliquent chacun, soit qu'ils tirent, soit qu'ils poussent, une force d'au moins quatre-vingts livres; les deux forces réunies donnent cent soixante livres. Si le filet de la vis a six lignes de hauteur, la puissance sera, pour huit pieds de rayon, mille neuf cent trente quintaux, puissance dix fois trop grande pour l'objet qu'on se propose; mais on peut, si l'on veut, retrancher un tourneur, comme on sera libre d'en ajouter s'il le faut. On pourra aussi allonger ou raccourcir le levier, ce qui, en général, permettra de n'employer que la force suffisante.

Cette presse est propre à extraire toute l'huile des olives; on peut l'employer à l'extraction des huiles de noix et autres, employées dans la draperie, la toilerie, etc.

Pour faciliter à chaque propriétaire rural les moyens de faire son huile comme il fait son vin, on peut établir sur les mêmes principes de petites presses; seulement elles ne pourront, comme les grandes, se fixer au plancher; mais on leur donnera la solidité nécessaire, en donnant plus de force aux montans de la cage, et en les fixant plus solidement et plus avant dans la maçonnerie. Dans ces petites presses, les ouvriers qui feront mouvoir la vis marcheront sur le plan du rez-de-chaussée.

Moulins à broyer des olives.

Ce moulin vu en plan, *fig.* 12e, n'est autre chose qu'un mur circulaire élevé de deux pieds, sur lequel règne une rigole en pierre froide, d'un pied de profondeur, dont le fond est plat et les bords sont évasés.

Au centre du moulin s'élève verticalement un arbre fixe B, à la hauteur du centre de la meule C; cette meule, en pierre dure, d'environ quatre pieds de diamètre sur un pied d'épaisseur, taillée bien cylindrique, doit entrer dans la rigole, de manière à l'emplir exactement et à éprouver un léger frottement sur ses bords.

Pour que la meule C soit parfaitement ronde, il conviendra, quel que soit son poids, de la tourner sur un tour; on pourra le faire à la manière dont tourne la meule du lapidaire, ou la table du potier de terre.

Au centre de la meule, percée exactement, on ajustera un œil en fer qui portera intérieurement, si on croit nécessaire de diminuer le frottement, trois cylindres en cuivre, entre lesquels passera l'axe D de la meule; trois cylindres semblables pourront être placés au centre du moulin, pour recevoir le pivot de l'axe de la meule.

Il serait peut-être préférable de substituer le fer fondu à la pierre froide, dans la partie intérieure de la rigole, et de faire usage d'une meule de ce métal; mais alors il conviendrait que cette meule fût creuse et qu'elle fût remplie de maçonnerie, pour éviter la trop grande pesanteur, et économiser la fonte.

Le fer fondu aurait l'avantage de ne pas boire l'huile et d'éviter les écoulemens.

Coupe ou moulin à sang.

Dans les anciennes *coupes* ou moulins à sang, le cheval était placé sur le sol, et la ligne de tirage se faisait à la hauteur de l'axe de la meule; je trouve préférable de le placer sur une galerie disposée pour cet effet, à environ cinq pieds et demi au-dessus du sol; et de lui faire parcourir un plus grand cercle que celui qu'il parcourt ordinairement. J'ai trouvé aussi qu'il était plus avantageux, dans les coupes à eau et dans celles à lanternes, que les meules jumelles fussent plus écartées l'une de l'autre, et qu'elles décrivissent de plus grands cercles qu'elles ne le font ordinairement.

Coupe employée par les Hollandais pour réduire en poudre les bois de teinture, et que je propose pour broyer les olives.

Cette coupe, vue en plan, *fig.* 13e, est un plan circulaire d'une grandeur variable à volonté; son pourtour est un bord un peu évasé, d'un pied de haut : au centre est un cylindre A, qui s'élève jusqu'au centre des meules B, C, pour recevoir le pivot de ces meules; les axes des meules portent chacun un filet angulaire et fin; ils se réunissent en D, où ils ne forment qu'un seul et même pivot, et sont liés à leur extrémité extérieure par une traverse E F, au milieu de laquelle on attache le cheval. Au centre de chaque meule est un écrou, qui engrène le pas de vis placé sur son axe, de manière que le cheval ayant fait un tour, l'une des meules est parvenue à la circonférence, pendant que l'autre est arrivée au centre; on ramène les meules à leur première position en faisant marcher le cheval en sens inverse; pendant ce temps, les meules ont parcouru chacune toute la surface.

Chaque meule porte un rateau à dents très fines ayant pour objet de remuer les olives sans les amonceler, seulement elles les changent de position pour que les meules en passant dessus les réduisent toutes en pâte.

Espérance.

L'espérance ou cuvier en bois, en forme de tonneau défoncé, servant à recevoir l'huile au sortir du pressoir, sera doublé intérieurement en étain fin, tôle étamée ou fer-blanc, descendra jusqu'au fond du cuvier; on versera de l'eau froide ou chaude, et l'huile, en s'élevant, dégorgera d'elle-même par un canal pratiqué à un pouce au-dessous de la gorge du cuvier, à un autre récipient.

On peut encore opérer cette soustraction, en gonflant avec un soufflet, pareil à celui employé pour soutirer le vin, des vessies retenues au fond du cuvier.

Partage des huiles.

Deux récipiens mis sur leurs bases, au moyen d'un robinet, se communiquent l'un à l'autre; l'huile sortant de l'espérance remplira ces récipiens, elle s'y trouvera également partagée et mesurée en quantité et qualité par la loi de la gravité des corps et des fluides, et par celle des mesures de capacité des vases.

De la jarre à l'huile (fig. 14e).

Un collier en fer *a* enveloppera la gorge de la jarre *b*; il sera doublé en peau ou en carton pour prévenir la fracture. Deux espèces d'anses en fer *c*, s'élevant à trois ou quatre pouces au-dessus de la jarre, seront terminées par des anneaux *d*, dans lesquels passera une traverse en fer *e*, au milieu de laquelle est un écrou dans lequel descend une vis qui va presser le couvercle sur la jarre. Entre le couvercle et la jarre il y aura une rondelle en liége, en carton ou en papier, pour intercepter l'air, un robinet *f* en étain fin sera placé au bas de la jarre pour soutirer l'huile ; mais comme l'huile ne coulerait pas si la jarre était hermétiquement fermée, on fera un trou sur le couvercle pour recevoir une cheville; ce trou sera intérieurement bouché par une plaque en fer percée de petits trous.

Le couvercle et le robinet seront fermés avec un cadenas.

Des tonneaux, barriques et barils.

M. Favre propose de doubler les barils, barriques et tonneaux, en étain fin, en tôle étamée, ou en fer-blanc; ils sont ainsi propres à conserver l'huile, le vin, l'eau-de-vie, l'eau potable pour la navigation, etc.

La bonde sera fermée avec un cadenas ou une serrure; il sera bon de tourner sur le tour, l'intérieur des tonneaux, afin que la bordure joigne dans tous les points aussi exactement qu'il est à désirer.

Les caquiers ou enfers.

Ce réservoir souterrain, où se rendent les eaux qui s'écoulent des espérances, après que l'on en a extrait toutes les bonnes huiles, est dispendieux et vicieux. Il vaudrait mieux établir un fossé qui aurait en profondeur la hauteur d'une jarre, et d'une contenance d'environ six à huit jarres; une légère muraille retiendrait les terres sur les côtés du fossé.

Pour dégager l'eau, il y aurait une communication établie entre les jarres au moyen d'un tuyau qui partant du fond du vase arriverait à quelques pouces au-dessus de sa gorge; de là, il communiquerait à la seconde jarre, munie d'un semblable tuyau, et ainsi de jarre en jarre.

Addition.

Dans la presse que M. Favre a décrite, c'est l'écrou qui descend pendant que la vis ne fait que tourner sur place. Dans la nouvelle presse, vue en élévation, *fig.* 15, c'est au contraire l'écrou *a* qui tourne sur place pendant que la vis *b* descend.

La puissance qui donne le mouvement est toujours placée au-dessus de la cage; mais elle s'applique à la vis.

c, traverse servant à maintenir la vis *b* dans la position verticale; elle est percée au milieu d'un trou garni d'un écrou en cuivre, du même pas que la vis, ce qui permet de la monter plus ou moins haut.

d, autre traverse pareille à la traverse *c*, excepté qu'elle n'a pas d'écrou au milieu; elle sert comme cette dernière, à maintenir la vis dans sa position verticale.

Cette presse se trouvant consolidée par la traverse *e d*, toutes les parties qui la composent pourront être moins matérielles que celles de la première presse. La traverse supérieure *e* de la cage pourra être de deux pièces, solidement assemblées par le boulon *f*.

De la sophistication de l'huile d'olive et des moyens propres à la reconnaître.

L'huile d'olive, tant à cause de sa supériorité comme aliment que par sa propriété de former des savons durs, et d'être un usage plus général dans les arts que celles des graines oléagineuses, est d'un prix beaucoup plus élevé que celle de ces mêmes semences, si l'on en excepte l'huile de ricin qui est beaucoup plus chère, ainsi que celle d'amandes douces. Sa sophistication ne peut donc avoir lieu qu'avec des huiles d'un prix inférieur; c'est aussi avec celles-ci que la fraude a lieu, et principalement avec celles de colza et d'œillet surtout. Il a été long-temps impossible de reconnaître cette sophistication. M. Poutet de Marseille, est le premier qui nous en ait fourni les moyens, en découvrant la propriété dont jouit le nitrate de mercure de solidifier exclusivement l'huile d'olive. Voici la manière d'opérer. On fait dissoudre 7 parties de mercure dans 7 et demi d'acide nitrique à 30°, on mêle huit grammes de cette dissolution (2 gros) avec quatre-vingt-douze grammes (2 onces 7 gros) d'huile d'olive, et l'on agite de temps en temps. Environ deux heures après l'huile offre une masse jaune surmontée d'une croûte blanche qui est solide le lendemain. Si l'huile d'olive contient $\frac{1}{16}$ d'huile d'œillet, la masse sera moins dure.

Si elle en contient $\frac{1}{10}$, sa consistance sera celle d'une huile figée; en un mot, le nitrate acide de mercure solidifie l'huile d'olive et change peu celle des autres graines.

Depuis, M. Rousseau a présenté à l'Académie royale des Sciences un appareil électrique, qu'il a nommé diagomètre, et qui est un excellent moyen pour reconnaître la pureté de l'huile d'olive. La force motrice de cet appareil réside dans une pile partagée en plusieurs sections qui amènent à un degré de tension voulue. Un des pôles touche un sol et fait réagir l'électricité sur l'autre qui est isolé. Dans l'autre partie de l'appareil est une légère aiguille aimantée dans le plan du méridien magnétique pris comme O d'un cercle gradué. Si, par un excitateur, on met en rapport ce système vers le pôle isolé, l'électricité alors agissant sur l'aiguille et sur le conducteur qui l'avoisine, la première chargée d'un fluide de même nature, éprouvera aussitôt une déviation proportionnelle à la force propre de la pile. Mais si, au lieu de toucher le disque, on y interpose un corps dont on veuille éprouver la conductibilité, l'aiguille restera stationnaire ou déviera, suivant la nature des substances interposées. C'est d'après la vitesse de son écartement, et le temps qu'elle mettra à arriver au terme de tension qu'on devra déterminer le degré d'isolement. Avec cet appareil, M. Rousseau a reconnu que, de toutes les huiles animales ou végétales, celle d'olive possédait seule la propriété bien caractérisée d'être très difficilement perméable au fluide électrique. Cette propriété est telle qu'elle conduit l'aiguille 700 fois moins vite que les autres, qui ont cependant entre elles des différences qu'on peut rendre appréciables. Il suffit, en effet, de verser dans cent gouttes de cette huile, deux de celle d'œillet, ou de faîne, pour imprimer à l'aiguille une vitesse quadruple. Sous ce point de vue, le diagomètre est un instrument précieux pour reconnaître la sophistication de l'huile d'olive et déterminer même la quantité d'huile étrangère qu'on y a ajoutées. On peut voir la gravure de cet appareil dans ma physique amusante.

Huile d'onction ou de légitimité.

Cette huile, que Moïse avait composée pour l'onction et la consécration du roi, du souverain sacrificateur, et de tous les vaisseaux sacrés, se préparait (Exode, chapitre 3o) avec l'huile d'olive, la myrrhe, le cinnamome, et le calamus aromaticus ; elle était gardée précieusement de génération en génération, dans le lieu très saint. Chaque roi n'était pas oint, mais seulement le premier de la famille, tant pour lui-même que pour les successeurs de sa race. Il ne fallait pas d'autre onction, à moins qu'il ne s'élevât quelque difficulté touchant la succession, auquel cas celui qui l'avait recueillie, quoiqu'il fût de la même famille, recevait *l'huile d'onction ;* après cette cérémonie personne n'était en droit de lui disputer son titre.

Huile d'amandes douces.

C'est du fruit de l'amandier, *amygdalus communis*, L., qu'on extrait cette huile.

L'amandier croît naturellement en Afrique : on le cultive en Espagne, en Italie et en France, principalement dans les départemens de l'Aude, de l'Hérault et des Pyrénées-Orientales. Cet arbre offre deux variétés principales ; l'une à amande douce, et l'autre à amande amère : chacune d'elles a des sous-variétés qui sont établies par la forme plus ou moins grosse et plus ou moins oblongue, ainsi que par la dureté de leur coque. Les amandes douces et à coques tendres, sont connues sous le nom d'*amandes de dame :* on les cultive principalement à Gigean, Montagnac, Pezenas et l'Hérault. Les amandes amères se récoltent plus particulièrement dans l'arrondissement de Narbonne. Dans les villages qui l'avoisinent, toutes les haies sont garnies de ces amandiers, et même les chemins.

Cette espèce d'amandier croît presque naturellement dans la contrée précitée : il résiste aux grands froids ; mais les récoltes qu'il donne sont très incertaines. Comme sa floraison est très précoce, il arrive que s'il survient quelques petites gelées, pendant qu'il est en fleur, tout est perdu. On cueille les amandes vers la fin du mois d'août, quand on voit que le péricarpe étant presque sec, s'ouvre de lui-même. Quand on les a cueillies on les en débarrasse et on les expose à l'air pendant deux ou trois jours pour en achever la dessication. Les agriculteurs vendent les amandes au commerce sans en enlever les coques, parce que l'expérience leur a démontré qu'elles se conservent mieux sans se rancir, et sans que le ver les attaque. Nous avons connu un spéculateur qui en avait dépouillé de leurs coques cent quintaux ; n'ayant pu les placer elles furent presque entièrement dévorées par les mites en moins de deux ans. L'amande amère, dépouillée de sa coque, donne, pour terme moyen, vingt pour cent d'huile, c'est-à-dire un 5me. M. Boullay s'est livré à l'analyse des amandes amères ; cent parties lui ont donné :

Pellicules contenant un principe astringent. 5
Huile. 54
Albumine jouissant de toutes les propriétés de l'albumine animale. . . . 24
Sucre liquide. 6
Partie fibreuse. 4
Eau. 3,5
Gomme. 3
Perte et acide acétique. 0,5

M. Proust avait considéré l'émulsion des amandes comme étant analogue au lait des animaux. L'analyse de M. Boullay semble confirmer cette analogie.

M. Vogel a obtenu, par l'analyse des amandes amères, des produits semblables à ceux qui ont été retirés des douces par le chimiste français.

Extraction de l'huile.

L'extraction de l'huile d'amandes douces est des plus simples. On doit d'abord choisir les amandes saines, non vermoulues, récentes, autant que possible, et rejeter celles qui sont rances. Après les avoir séparées soigneusement des impuretés qu'elles peuvent contenir, on les introduit dans un sac qu'on remplit à moitié, et on les agite fortement et pendant quelque temps, afin de détacher cette poussière jaune qui recouvre la pellicule : on les crible ensuite pour l'en séparer. En cet état, on les pile dans un mortier jusqu'à ce qu'elles soient réduites en pâte, ou bien on les met en poudre au moyen d'un moulin à bras. On prend cette pâte ou cette poudre; on la place sur un carré de toile forte, que l'on replie sur lui-même, et on la soumet à l'action graduée d'une forte presse, entre deux plaques légèrement chauffées; car l'expérience a démontré que lorsqu'elles le sont un peu trop elles disposent l'huile à rancir. L'huile ainsi obtenue doit être filtrée de suite, et soigneusement conservée à l'abri de l'air; par le filtre on la dépouille d'une partie de son mucilage. Je suis parvenu à l'en séparer en plus grande quantité et à la conserver plus long-temps sans se rancir, en l'agitant pendant quelque temps, avec trois fois son poids d'eau tenant en dissolution un vingt-cinquième d'hydrochlorate de soude. L'huile d'amandes douces bien préparée et extraite des amandes qui ne sont point amères, est d'un jaune doré, ayant une légère odeur et saveur des amandes; elle rancit facilement et se fige à $6 + o$ C°.

Les parfumeurs enlèvent la pellicule des amandes,

au moyen de l'eau bouillante, avant d'en extraire l'huile : par ce procédé elle est plus blanche.

Les amandes amères, traitées par la méthode que nous venons de décrire, produisent une huile en tout semblable à celle des amandes douces; car, quoiqu'elles donnent à la distillation de l'acide hydrocyanique et une huile âcre et très-amère, il est bien reconnu que ces deux principes sont unis au parenchyme du fruit, et non à l'huile douce. En effet, cette huile ne donne aucun indice de ces deux substances, tandis que le marc délayé dans l'eau, exhale une odeur forte d'acide hydrocyanique. M. Planche a fait une observation qui vient à l'appui de cette assertion ; c'est que si l'on plonge les amandes amères dans l'eau bouillante, pour en enlever la peau, et qu'avant de les passer au moulin et de les soumettre à la presse, on les fasse sécher à l'étuve, l'huile obtenue a une odeur hydrocyanique bien caractérisée.

Dans plusieurs villes du midi de la France, et principalement à Montpellier, on retire des amandes de l'abricotier une huile analogue à celle des amandes douces, et que l'on vend comme telle dans les pharmacies. On peut en extraire de semblables des amandes du pêcher, du prunier, etc. (1)

_____

(1) Il paraît que l'huile de noyau d'abricot est fabriquée en grand dans la Chine, puisque le père d'Incarville écrivit de Pékin, le 15 novembre 1751 (*Abrégé des transactions philosophiques, mélanges, observations et voyages*), que les abricotiers n'y sont cultivés que pour ce noyau, dont on fait une huile excellente pour brûler : « Nous nous en servons, ajoute-t-il, en salade. »

Huile d'Arachide, pistache de terre, noisette de terre, cacahuata des Espagnols, et arachis hypogea de Linné.

Cette plante paraît être originaire de l'Inde; elle était connue depuis long-temps des botanistes, avant que les agronomes se fussent attachés à la cultiver. L'Espagne est une des premières contrées d'Europe où on l'ait semée, moins pour en manger les fruits que pour en extraire l'huile. On la cultive à la Caroline et dans tous les pays situés entre les tropiques; les nègres en sont très friands, ils les mangent comme des noisettes; ils les sèment au commencement du printemps dans le sable qu'ils se contentent de gratter.

L'arachide offre deux variétés bien distinctes, l'arachide de l'Inde et l'arachide d'Afrique. Nous allons les faire connaître successivement.

Arachide de l'Inde.

Les feuilles de cette variété sont d'un vert jaunâtre; son légume est court et ne contient qu'une ou deux semences, lesquelles sont arrondies et enveloppées d'une pellicule blanchâtre; elle est mûre au mois d'octobre; elle se plaît dans les sols légers et pierreux, et même dans les argileux; elle s'acommode de toutes les expositions et donne des produits plus abondans que la suivante.

Arachide d'Afrique.

Ses feuilles sont d'une couleur verte sombre; les légumes sont longs et renferment trois semences, et parfois quatre; elles sont oblongues et rouges en dehors; elles ne mûrissent pas toutes en octobre; le froid en empêche de mûrir environ un huitième. Ces semences sont plus grosses et supérieures en poids à celles de l'Inde ; elles aiment une exposition au levant ou au midi, et si le terrain où on les sème n'est pas léger et pierreux ou calcaire, les légumes ne réussissent pas bien. L'arachide de l'Inde fut introduite pour la première fois en Espagne, en 1780, par l'archevêque de Valence. En France, quoiqu'on en eût déjà semé dans quelques jardins, sa véritable introduction paraît due à Lucien Bonaparte, qui, étant ambassadeur en Espagne, en envoya 150 livres à M. Méchain, préfet des Landes, qui en propagea la culture dans ce département, duquel elle s'introduisit dans ceux de l'Hérault, de la Haute-Garonne, du Var, etc., et par suite en Italie, etc. De ces deux variétés, celle de l'Inde paraît la mieux acclimatée en France.

On sème la pistache de terre vers la fin du printemps ou au commencement de l'été, suivant la température des localités ; on doit faire tremper auparavant ces semences dans l'eau pendant deux jours, afin de hâter la germination. On doit choisir une terre de bonne qualité et exposée au midi, lui donner plusieurs labours, semer de 12 à 15 pouces de distance, et la couvrir d'environ 2 pouces de terre. Quand les plants sont assez forts, on les sarcle et on les butte pour augmenter le produit et fortifier la plante ; lorsque la floraison a lieu, les fleurs sont supportées par un long pédoncule, et se tiennent droites pendant quelques jours ; mais dès que le germe est fécondé, elles se courbent vers la terre, reposent à sa surface, et, dès que la fleur est tombée, on voit paraître des gousses armées d'une pointe, au moyen de laquelle elles pénètrent dans la terre, où s'opère le complément de la formation du fruit : c'est par conséquent dans la terre qu'on va le recueillir.

Aucun des agronomes qui ont écrit sur l'arachide, tels que MM. Tollard aîné, Grange, Frémont, Baylé-Barelle, Sonnini, Brioli, Vallet, etc., n'ont cherché à s'assurer si cet enfouissement des légumes dans la terre était indispensable pour la confection du fruit ; M. Frémont a seulement avancé que les fleurs ne se recourbent que par faiblesse.

Les fleurs qui naissent à l'aisselle des feuilles supérieures avortent ordinairement ; la maturité de l'arachis est annoncée par la couleur jaune que prennent les feuilles ; on doit alors les tirer de terre, les porter au sol et les dépouiller de leur gousse.

En France, dans les départemens des Landes, de l'Hérault, de la Haute-Garonne, du Var, etc., elle rapporte, terme moyen. . . . . 90 pour 1.

En Espagne, de. . . . . . 100 à 200 pour 1.

A Rome . . . . 102 pour 1.

M. Vallet assure qu'en bien espaçant les pieds et les buttant convenablement, on peut récolter jusqu'à 700 gousses sur une seule plante.

En supposant que la pistache de terre, semée à un pied de distance, au lieu de donner 112 pour 1, ce qui est le terme moyen des résultats ci-dessus présentés, ne produisît que 50 pour 1, il en résulterait que quatre mètres carrés, ou une toise, donnerait üne quantité de semences d'arachide qui, contenant la moitié de leur poids d'huile, en produiraient 1800 grammes ou une livre. Le fruit de semences d'arachis a depuis 12 jusqu'à 16 lignes de longueur, et de 4 à 6 d'épaisseur ; il est formé par une sorte de coque blanche, mince, veineuse, réticulée, contenant, suivant la variété à laquelle il appartient, de une à quatre semences, dont l'extérieur est d'un rouge vineux, et l'intérieur blanc et très huileux. En Espagne on les mange comme des noisettes ; on les torréfie pour en faire du chocolat : on les fait aussi entrer dans le pain, principalement le tourteau ou résidu de l'huile qui, uni avec un tiers de farine, donne, dit-on, du très bon pain.

L'extraction de l'huile de l'arachis est des plus simples; elle s'obtient de la même manière que celle d'amandes douces. Cette huile est limpide, inodore, moins grasse que l'huile d'olive la plus fine, et M. de Cossigni rapporte, dit M. Tollart aîné, que la Société royale d'Agriculture s'étant réunie dans un festin à ce sujet, trouva que cette huile en salade était d'une qualité égale à la meilleure d'Aix; l'huile d'arachis rancit difficilement, et donne un savon blanc très sec et inodore.

MM. Payen et Henry fils ont publié, dans le *Journal de Chimie médicale*, un travail sur l'arachide dont nous allons extraire textuellement les détails suivans : nos lecteurs y trouveront les notions les plus exactes sur ses principes constituans; on nous pardonnera quelques répétitions, elles sont nécessaires pour ne pas en affaiblir l'intérêt.

1950 grammes de ces semences, dépouillées de leurs enveloppes, se sont réduites à 1495 grammes d'amandes, lesquelles sont entourées d'une espèce de peau brunâtre; elles sont blanches à l'intérieur; leur saveur, quoique douce, semble se rapprocher de celle des haricots. Les deux chimistes précités ont pilé ces 1495 grammes de semences d'arachis; les ayant exposées à froid à l'action d'une presse, ils en ont extrait une huile blanche, verdâtre, un peu louche, laquelle est devenue très claire par la filtration, et a conservé l'odeur de ces amandes. Ayant exposé le résidu à la vapeur, et l'ayant soumis à la presse, à deux reprises, ils en ont obtenu une huile jaunâtre, qui est passée claire au filtre, et avait une odeur désagréable. Le tourteau séché à l'étuve et traité par l'éther, a donné une huile moins fluide que les deux précédentes.

Récapitulation.

Huile obtenue à froid . . . . . 229 gram.
　　　　　　à chaud. 302
　　　　　　par l'éther. . . . 33,1
　　　　　　　　　　　　　　　————
　　　　　　　　　　　　　　　564,1
Marc exprimé. 792
　　　　　　　　　　　　　　　————
　　　　　　　　　　　　　　　1356,1

Si l'on déduit cette quantité de 1356,1 de celle de 1495, on trouve une perte de 138,9 qui doit être attribuée à l'huile qui a imbibé la toile employée pour l'extraire, ainsi que les filtres, la presse, etc.; or en ajoutant à la quantité d'huile obtenue qui se porte à 564,1
Celle de l'huile imbibant ces objets
qui est de 138,9
　　　　　　　　　　　　　　————
On obtient pour poids total de l'huile 703,0

Ce qui fait 47 pour 100 d'huile ; mais comme Brioli et plusieurs autres ont annoncé qu'ils en avaient extrait 40 pour 100, MM. Henry et Payen font observer qu'ayant opéré sur des amandes qui avaient été fortement desséchées par les fortes chaleurs, il y a lieu de croire que la matière fibreuse et la caséeuse, en perdant leur humidité, ont retenu plus fortement l'huile et rendu par conséquent son extraction beaucoup plus difficile.

Ces deux chimistes ayant réduit le marc en poudre, l'ayant délayé dans l'eau froide, et l'ayant filtré, ont d'abord obtenu une liqueur laiteuse a laquelle a succédé un liquide fauve et louche, qui donnait par l'acide acétique des caillots volumineux blancs, opaques ; la liqueur filtrée était incolore et transparente ; le précipité lavé donna, outre les produits des substances animales, beaucoup d'acide hydro-sulfurique. Nous ne suivrons pas MM. Henry et Payen dans leurs diverses expériences ; nous nous bornerons à dire qu'ils ont reconnu que les semences de l'arachis hypogea contenaient les substances suivantes, rangées suivant leurs plus fortes proportions, en faisant observer cependant que les deux premières en forment la majeure partie :

Huile.	Matière colorante.
Caseum.	Soufre.
Eau.	Amidon.
Ligneux.	Malate de chaux.
Sucre cristallisable.	Huile essentielle.
Phosphate de chaux.	Hydro-chlorate de potasse.
Gomme.	Acide malique libre.

MM. Payen et Henry, ayant soumis aux mêmes expériences les amandes douces, y ont également reconnu une grande proportion d'un caseum semblable, du sucre, du soufre, une matière colorante et pas d'amidon.

L'huile extraite à froid est la partie la plus intéressante de ces semences ; elle n'a qu'une légère couleur verte, une légère odeur de rave qu'elle perd par la chaleur ; son poids spécifique est égal à 916,30 ; elle dépose beaucoup de stéarine ; de 3 à 4 degrés —o elle se prend en une masse qui n'a plus acquis de consistance.

L'huile extraite à chaud dépose beaucoup plus de stéarine.

L'huile extraite par l'éther est celle qui en donne le plus.

L'huile d'arachis ne se solidifie pas par le nitrate de mercure, mais elle dépose, au bout de quelques jours, une espèce de matière sans consistance, grenue et blanchâtre.

L'huile extraite à froid donne un savon inodore

et plus blanc que celui fait avec l'huile extraite à chaud, lequel conserve une odeur désagréable.

MM. Payen et Henry ont exposé, comme expériences comparatives, l'huile préparée à froid et celle d'amandes douces, à l'action du gaz oxigène; la première a paru l'absorber moins vite, ce qui semble indiquer qu'elle doit se rancir moins promptement que la seconde.

Ces deux auteurs l'ont essayée dans la préparation des huiles de toilette; ils se sont convaincus qu'elle exige moins d'essences odorantes, et qu'elle donne une odeur plus suave que celle d'amandes douces. D'après cela elle pourrait être mise en usage dans la parfumerie fine, pour certains produits, et dans quelques préparations pharmaceutiques, telles que le cérat et diverses pommades; enfin cette huile contractant un mauvais goût, par l'action du calorique, se figeant à une température au-dessous de celle qu'exige l'huile d'olive, et rancissant plus vite qu'elle, a beaucoup moins d'analogie avec celle-ci qu'avec celle d'amandes douces.

Huile de Ben.

L'arbre qui produit les semences de ben a été long-temps confondu avec le *Guilandina moringa*, L.; c'est le *moringa aptera*, Gærtn. Il appartient à la *Décand. monogynie*, L., et à la famille des légumineuses, et croît en Arabie, à Ceylan, en Egypte, dans les Indes, etc. Les semences de cet arbre sont improprement désignées par le nom de *noix de ben*; elles sont contenues dans un légume long et trivalve, rempli d'une sorte de chair blanche; leur forme est triangulaire; elles ne sont point ailées; enfin une enveloppe dure et de couleur blanche recouvre l'amande huileuse de ben, dont la saveur est amère.

On extrait l'huile de ben de la même manière

qu'on prépare celle d'amandes douces. Cette huile jouit d'une propriété bien précieuse, celle de rancir difficilement, même après un certain nombre d'années ; aussi l'emploie-t-on de préférence pour extraire l'odeur fugace de quelques fleurs, telles que celles des liliacées, du jasmin, etc. Quand on la conserve quelque temps, l'huile de ben se sépare en une huile épaisse qui se fige facilement, et en une autre qui est toujours fluide ; cette propriété et celle de ne point rancir la font rechercher par les horlogers pour adoucir les frottemens des montres, etc.

Beurre ou Huile de cacao.

Les premières notions connues sur le cacaoyer sont dues à des auteurs espagnols. Ce sont Robles-Cornejo, Herrera, Oviedo, etc. Les détails que l'on doit au docteur Hernandez, médecin du roi à la Nouvelle-Espagne, sont et plus étendus et plus intéressans. Ce médecin en a compté quatre espèces qui n'ont pour caractères particuliers que la hauteur des arbres et la grosseur des fruits ; ce qui peut constituer tout au plus les variétés dues à l'influence du sol ou du climat. M. Hernandez donne à ces quatre prétendues espèces les noms de *quauhcahuatl, mecacahuatl, xochicucahuatl* et *tlalcacahuatl*. D'après lui, la première est la plus élevée et celle qui donne beaucoup de fruits ; la seconde est d'une hauteur moyenne, et porte des feuilles et des fruits plus petits ; la troisième produit des fruits plus petits et plus rouges en dehors ; enfin, la quatrième, dont le nom signifie *petit arbre à cacao*, a ses graines très petites ; ce sont celles qui sont généralement employées en breuvage, tandis que les autres tiennent lieu de monnaie. (1)

_____

(1) *Rerum medicarum Novæ Hispaniæ historia.* On peut consulter aussi la *Monographie du Cacao* que vient de

Aublet a désigné trois espèces de cacaoyers, aux-quels il a donné le nom de *cacaoyer anguleux, sauvage* et *cultivé*. Ces distinctions n'ont point été ad-mises par les naturalistes. Linné est le premier botaniste qui ait classé cet arbre précieux ; il en fit un genre qu'il nomma *theobroma* (mets des dieux) ; et qu'il plaça dans la *polyadelphie décandrie*. Par la suite, il crut que la *theobroma de la Guiane*, *theobroma Guianensis*, dont avait parlé Aublet, était une espèce particulière ; mais Tournefort et Jussieu n'en ont admis qu'une seule, le *theobroma cacao*, que ce dernier a rangé dans la famille des malva-cées. Enfin, MM. de Humboldt et Bonpland en ont dé-couvert une autre espèce, qui est le *theobroma bicolor*.

Les régions de l'Amérique, situées sous la zone torride, sont les seules où, jusqu'à ce jour, on ait rencontré le cacaoyer indigène, et plus particu-lièrement au Mexique, dont il était une des prin-cipales richesses lorsque Fernand Cortès en fit la conquête. Sa culture s'étendait au nord jusqu'à la province de *Zucatecas*, et les provinces de *Mechoacan*, d'*Oaxaca*, de *Tabasco*, de *Vera-Cruz*, etc., payaient à Montézuma des tributs considérables de cacao.

Le cacaoyer aime les lieux abrités et les terrains humides et profonds ; il craint un soleil trop ar-dent ; il est de la taille de nos grands cerisiers : son port est agréable ; son bois poreux et léger est couvert d'une écorce qui est d'une couleur fauve sur les jeunes branches, laquelle prend une teinte plus foncée sur le tronc. Les jeunes feuilles sont d'un rose tirant sur le pourpre, tandis que les plus grandes sont d'un vert foncé : celles-ci ont jus-qu'à vingt pouces de longueur sur trois ou quatre de largeur, avec une bordure dont la couleur se rapproche de celle de la chair. Cet arbre offre en même temps des boutons, des fleurs, et des fruits

publier M. Gallais, d'où nous avons extrait une partie de ces détails.

mûrs ; les boutons ont la grosseur d'une amande de cerise, et sont d'un blanc verdâtre ou rosé ; les fleurs sont petites, inodores ; les unes blanches et les autres d'un rose se rapprochant de la couleur de chair. Les fruits mûrs sont d'un jaune foncé ou mélangé de rouge, offrant ordinairement des rugosités à leur surface, ayant la forme des melons, et présentant de huit à dix côtes qui, lorsqu'elles sont très mûres, s'entr'ouvrent pour laisser échapper le cacao.

Le fruit du cacaoyer est connu sous le nom de *cabosse*, et forme à l'intérieur cinq loges où sont disposées à plat, et symétriquement comme une sorte de stratification, de vingt à trente graines entourées d'une pulpe rosée, gélatineuse, d'une acidité agréable. Les plus gros fruits peuvent contenir de quarante à cinquante graines, tandis que dans les Antilles, ces fruits ont rarement plus de cinq pouces de longueur, parce que ces arbres étant gênés dans leur développement, ils ne contiennent que de six à quinze semences.

Le cacao, qui est ces semences, se rapproche de la forme d'une olive. Lorsqu'il est mûr, il offre une pellicule mince, d'un rouge vif, qui recouvre une substance d'un rouge brun ; s'il n'est point parvenu à l'état de maturité parfaite, et la chair et la pellicule sont d'un blanc rougeâtre ou d'un vert foncé. Les cacaos qui sont le plus généralement exportés en Europe, sont :

1°. De *Guatimala* : les *cacaos de Soconusco*.

2°. De *Colombie* : ceux de *la Magdeleine*, de *Maracaïbo*, de *Guayaquil*, de *Sainte-Marthe* (ou Ocana), de *Caracas*, de *Démérari*, de *Berbice*, de *Surinam*, de *Sinnamari*, de *Cayenne*, d'*Arawari*, de *Macapa*.

3°. Du Brésil : ceux du Para, du Maragnon et de Bahia.

4°. Des Antilles : ceux de Cuba, de Saint-Domingue, de la Jamaïque, de Sainte-Croix, de la

Guadeloupe, de la Martinique, de Sainte-Lucie et de la Trinité.

5°. Des îles d'Afrique : ceux de Bourbon.

M. Gallais, dans son intéressante *Monographie du Cacao*, les a divisés en sept classes, et a retracé les caractères qui sont propres à chacune de ses espèces, en l'accompagnant d'une jolie lithographie où elles sont représentées.

En France, le cacao le plus estimé est le *caraque*, qu'on distingue en *gros* et en *petit caraque*, et qui provient de la province de *Nicagaragua*, dans la Nouvelle-Espagne : son épiderme est terne et grisâtre ; il se sépare facilement de l'amande. Le cacao dit *des îles*, vient des Antilles : il est plus petit, plus amer, plus aplati et plus gras que le précédent ; il est aussi d'une teinte plus rouge. C'est principalement du mélange de ces deux espèces qu'on fait le bon chocolat. Jadis les seigneurs, ou les vaillans guerriers, avaient seuls le droit d'en faire usage : *No bebia del cacao, nadie que no fuese señor, ó valiente soldado.* (Herrera.)

Préparation du Beurre de cacao.

On connaît trois procédés pour extraire l'huile ou beurre du cacao.

Le 1er consiste à faire bouillir dans l'eau le cacao broyé : par ce moyen, cette huile étant plus légère que ce liquide, vient nager à sa surface ; l'action prolongée de la chaleur le dispose à rancir.

Le 2e se borne à soumettre le cacao torréfié et broyé à une forte pression, entre deux plaques d'étain chauffées à l'eau bouillante, après l'avoir placé dans un sac de toile.

Le 3e, en faisant agir l'éther sur la pâte du cacao ; mais cette huile ainsi obtenue conserve toujours un goût désagréable. Il est inutile de dire qu'on en dégage l'éther, d'abord en le chauffant légèrement, ensuite en l'agitant avec plusieurs eaux.

d'une température égale à +*40 C° ; par le moyen
de l'éther on extrait de

20 parties de cacao, soconusko dépouillé de sa
pellicule. . . . . 8 parties de beurre.
id. cacao Maragnon *id.* 9 *id.*
id. cacao Martinique *id.* 10 *id.*

L'huile ou beurre de cacao de ces diverses espèces paraît identique ; il est concret, d'un blanc
tirant sur le jaune ; il a une odeur *sui generis*, et
une saveur douce et agréable : on en prépare des
pastilles contre les affections catarrhales ; il entre
aussi dans plusieurs préparations pharmaceutiques.

Beurre de coco.

Cette huile est très blanche, d'une consistance
égale à celle du saindoux ; elle se liquéfie aussitôt
qu'on la touche avec les doigts. Lorsqu'elle est
fondue elle est aussi limpide que l'eau, et se fige
à environ 17 C° ; elle est un peu plus soluble
dans l'alcool que le beurre de galam, et un peu
moins que l'huile de palme.

M. Guibourt a extrait de ce beurre d'une
amande du *cocos nucifera*, qui avait été séchée à
l'étuve et conservée plusieurs années ; aussi avait-il
un goût de fromage et de beurre fort. 4 onces
d'amandes lui ont donné, par l'ébullition, 1 once
de beurre.

Huile de citrouille.

La famille des cucurbitacées fournit un grand
nombre d'espèces, parmi lesquelles on trouve le
cucumis melo, le *cucumis sativus*, le *cucurbita pepo* et
le *cucurbita citrullus*, dont les semences sont connues en médecine sous le nom de semences froides.
Dépouillées de leur enveloppe, pilées et soumises
à l'action de la presse, ces semences de citrouilles
ou de melon donnent également une huile douce.

très bonne à manger, qui répand une vive lumière avec peu de fumée, et dont la combustion dure plus long-temps que celle des autres huiles.

Huile du cornouiller sanguin, cornus sanguinea, L.

Cet arbuste, si recherché pour l'ornement des massifs en bosquets, à cause de la belle couleur rouge que prennent ses tiges et ses feuilles, vers la fin de l'été, produit une baie noirâtre, lorsqu'elle est mûre, qui fixa l'attention de M. Margueron. Cet habile pharmacien en prit dix kilogrammes qu'il fit étendre dans un grenier pour les ramollir. Après les avoir réduites en pâte, il les soumit à la presse, et en retira environ deux litres d'un liquide gras, onctueux, d'une viscosité semblable à celle de l'huile, d'une couleur verte très claire, inodore et sans saveur désagréable; en un mot, une véritable huile douce propre à servir d'aliment, ainsi qu'il l'expérimenta. Cette huile brûle avec une belle lumière, sans fumée ni odeur sensible. La même lampe garnie des mêmes mèches, successivement remplie d'huile d'olive et d'huile de cornouiller, la première a brûlé pendant deux heures et un quart, et la seconde pendant deux heures et demie.

Huile ou Beurre de galam.

Cette huile a beaucoup d'analogie avec celle de palme, et le beurre de coco. M. Guibourt, qui a publié dans le *Journal de Chimie médicale* (avril 1825) un article très intéressant sur cette huile, dit qu'il est difficile d'indiquer quel est le végétal qui la produit. On trouve, dit-il, dans quelques auteurs le nom de beurre de *galam* ou *galaham*, comme synonyme d'huile de palme, et d'autres admettent que l'huile de palme est tirée du brou de l'*avoira* (elaïs guineensis), et le beurre de galam de l'amande;

M. Guibourt ne partage pas cette opinion, il croit que ce beurre est le même que celui de *bambouc*; il cite à l'appui de son opinion les rapprochémens qui existent entre ces deux huiles, etc.

Le beurre de galam, qu'a examiné M. Guibourt, était nouvellement arrivé d'Afrique; il est d'un blanc sale avec une teinte rougeâtre, ayant l'aspect du suif, quoique étant plus onctueux; il graisse les doigts comme l'axonge en y laissant quelques parties plus solides. Cette huile, examinée à la loupe, semble formée d'une substance grenue, imprégnée d'une huile qui lui communique une certaine transparence; elle a une légère odeur et saveur de beurre de cacao sans âcreté ni rancidité : si on le fond au bain-marie, il dépose des flocons d'une saveur très agréable, qui paraissent appartenir à la pulpe du fruit d'où on l'a retiré par expression.

Le beurre de galam est insoluble dans l'eau, et très peu soluble dans l'alcool même bouillant; ce menstrue se laisse précipiter par le refroidissement, et n'en retient à peine que 0,005.

Cire.

Quoique, à proprement parler, on ne puisse point regarder la cire comme une huile, cependant, à cause de quelques unes de ses propriétés qui appartiennent aussi à ces produits immédiats végétaux, divers auteurs l'ont regardée comme une huile concrète. Telles sont les raisons qui nous ont porté à en faire mention.

L'opinion des chimistes a été long-temps partagée sur la nature de la cire; les uns la croyaient un produit animal dû aux abeilles, et les autres un des produits immédiats des végétaux. Cette dernière opinion a prévalu depuis qu'on est parvenu à l'extraire également des fruits du *myrica-cerifera* et du *genevrier*, des tiges vertes de l'*orge*, de l'*aunée*, de la *gomme-laque*, des feuilles, etc.

Nous allons nous borner à parler de celle des abeilles, comme étant la plus répandue. Cette substance est solide, d'une couleur jaune, d'une cassure grenue, insipide, peu odorante, fusible à 68°, d'un poids spécifique égal à 0,966 ; elle est soluble à chaud dans les huiles fixes et volatiles, insoluble dans l'eau, l'éther et l'alcool à froid, soluble partiellement dans 20 parties d'alcool bouillant ; elle se saponise avec la potasse et avec la soude. La cire, réduite en rubans minces et exposée au contact de l'air, devient très blanche ; il en est de même dans le chlore liquide. D'après mes expériences, l'acide sulfurique concentré la noircit, avec dégagement d'acide sulfureux ; s'il est étendu de trois parties d'eau, elle prend une couleur grisâtre ; l'acide nitrique la blanchit à chaud, mais si l'on porte la liqueur à l'ébullition, la cire prend une belle couleur noire, et il se dégage du deutoxide d'azote ; si l'acide nitrique est étendu d'eau, la cire blanchit sans brûler.

Décomposition. Si l'on traite la cire, en rubans minces, par suffisante quantité d'alcool bouillant, elle se décompose ; la partie que le menstrue dissout porte le nom de *cérine ;* elle est blanche, fusible à 42,50, soluble dans 16 parties d'alcool absolu, et dans 42 d'éther ; la partie non dissoute dans l'alcool a été nommée *myricine ;* elle est plus légère que la cérine, fusible de 35 à 37,50 c°, soluble dans 200 fois son poids d'alcool bouillant, et très peu dans l'éther.

Les proportions de ces deux substances dans 100 parties de cire des abeilles, sont de

cérine. . . . 0,91
myricine . . 0,08
_____
99

Dans la cire de myrica la myricine entre pour 0,13.

Huile de noix.

Quoiqu'on connaisse un grand nombre de noix, on consacre plus particulièrement ce nom au fruit du noyer, *nuglans regia*, que l'on cultive dans les parties méridionales de l'Europe ; on en trouve aussi dans l'Amérique septentrionale, mais qui sont bien différens des nôtres, et qui se distinguent entre eux par des caractères très remarquables : le noyer d'Europe offre aussi plusieurs variétés :

1°. Le *noyer ordinaire*. C'est la variété la plus commune ;

2°. Le *noyer à gros fruit* ou la *grosse noix*. Cette variété a les feuilles plus grandes que celles des autres, et les fruits plus gros ;

3°. Le *noyer à fruit tendre*. La coque de la noix est blanche et facile à casser, c'est la meilleure noix ;

4°. Le *noyer à fruit dur* ou la *noix féroce*. La noix est très petite, très dure et n'est bonne que pour l'extraction de l'huile ; le bois de cette variété est plus dur, plus veiné et plus beau que celui de toutes les autres ;

5°. Le *noyer à feuilles dentelées*. Ses feuilles sont plus petites que celles des noyers ordinaires, et son fruit plus long ; cette variété ne s'élève qu'à une hauteur médiocre ;

6°. Le *noyer de Saint-Jean*. Cet arbre est ainsi nommé parce que ses feuilles ne commencent à pousser que vers le mois de juin, et que ce n'est qu'à la Saint-Jean qu'elles sont bien développées.

Il y a encore des variétés qu'on ne trouve que dans les jardins de botanique ; ce sont les *noyers à petit fruit*, *à feuilles découpées*, *à grappes*, et celui qui donne du fruit deux fois l'an.

Parmi les *noyers d'Amérique* on trouve le *noyer noir de Virginie à fruit long et à fruit rond*, le *noyer blanc de Virginie* ou *l'hickery*, le *noyer de la Louisiane* ou le *pacanier*.

Quand on se propose d'extraire l'huile des noix
il ne faut point les gauler avant leur maturité,
comme font quelques propriétaires, cela rend le
produit de mauvaise qualité; il faut les recueillir
quand elles tombent d'elles-mêmes en quittant
leur brou, et ne les porter au pressoir que lorsqu'elles sont bien sèches. Il est inutile de dire
qu'on doit enlever avec soin les coques et les membranes qui forment les cloisons internes qui en séparent les quartiers; les noix ainsi préparées et
bien broyées, donnent une huile qui, lorsqu'elle
est préparée avec soin, au lieu d'être nauséabonde,
est douce, limpide et bonne à manger. Si l'on re-
court à la chaleur et qu'on en néglige les préparations, le contraire a lieu. D'un kilogramme de
noix, cassées et dégagées de leurs cloisons et pellicules, on retire demi-kilogramme d'huile; on doit
la préparer en novembre, décembre et janvier, et
l'on peut appliquer à cette extraction les divers
pressoirs que nous avons indiqués. M. Desmortier,
d'Angoulême, a inventé aussi un moulin-pressoir
qui abrége la durée de l'opération, et donne des
résultats plus avantageux.

L'huile de noix a une teinte qui se rapproche
du blanc verdâtre; elle est inodore, à moins qu'elle
soit préparée à chaud : dans ce cas elle est un peu
nauséabonde; elle a une saveur qui lui est propre;
elle est siccative et propre à l'éclairage ainsi qu'à la
peinture. L'huile des vieilles noix a un goût et une
saveur désagréable.

Huile de noix cuite.

Faites bouillir dans un pot de 80 à 100 parties
d'huile de noix; enflammez-la et laissez-la brûler
pendant demi-heure en couvrant le pot en partie,
afin de régler la flamme, et en remuant souvent la
liqueur; on couvre ensuite le pot et l'on éteint
ainsi la flamme. Cette huile refroidie a acquis la
consistance de la térébenthine molle, et a perdu

un huitième de son poids ; comme celle de lin , ainsi préparée , elle porte alors le nom de vernis, et forme , étant broyée avec environ sept parties, en poids de noir de fumée, l'encre des imprimeurs. Lorsqu'au lieu de noir de fumée on ajoute au vernis la moitié de son poids de vermillon , on obtient l'encre d'imprimerie rouge : un peu de carmin perfectionne cette couleur.

Les imprimeurs ont une foule de secrets pour le perfectionnement de leur encre ; ils ajoutent à l'huile bouillante des croûtes de pain , des ognons et même parfois de la térébenthine, afin de la rendre moins onctueuse et lui donner plus de corps, afin qu'elle adhère mieux au papier mouillé , et se distribue d'une manière uniforme sur les caractères. Pour rendre la couleur plus belle, quelques uns y ajoutent un peu d'indigo. Malgré tous ces secrets , nous sommes forcés de convenir qu'une bonne encre d'imprimerie est encore à trouver : le principal défaut de toutes est de jaunir en vieillissant.

Huile de noisette, fructus avellanæ.

Les noisettes sont un fruit qui provient d'un arbrisseau de 15 à 20 pieds de hauteur, qui croît dans les bois, que l'on désigne par le nom d'*avelinier, coudrier* et *noisetier, corylus avellana*, Lin. Les noisettes contiennent une amande ronde, de laquelle on extrait une huile par l'expression, qui se rapproche beaucoup de celle des amandes douces, quand les noisettes sont récentes. Cette huile étant siccative, est employée pour la peinture : on extrait l'huile de noisettes par les mêmes procédés que celle d'amandes douces ou de noix.

Huile de palme, oleum palmæ.

Suivant M. Henry, l'apparition de l'huile de palme en Europe ne date que des derniers siècles.

Pomet, Lemery, Baumé, Morelot, etc., assurent qu'on la tire par décoction ou par expression, de l'amande d'une espèce de palmier nommé l'*avoira elaïs* ou l'*aoura* de Guinée, c'est l'*elaïs guineensis*, arbre qui se trouve maintenant dans toutes les colonies françaises. MM. Jolyclerc, Dumenil, Virey, etc., disent que les *cocos butyracea*, *nucifera*, et l'*areca oleracea*, Lin., produisent aussi des huiles de palme. Nous allons nous borner à parler de celle de l'*aoura*, comme étant la plus commune, en présentant d'abord la description qu'a donnée Tublet de cet arbre.

Ce palmier, dit-il, est le plus élevé qui croisse à la Guinée; ses feuilles, toujours terminales, ont jusqu'à dix pieds de long; elles sont ailées, et leur pétiole est garni d'épines longues et aiguës. Ces pétioles persistent et rendent l'approche du tronc impossible. Les fruits sont de la grosseur d'un œuf de pigeon, de couleur jaune; dans le brou, qu'on nomme *caire*, est une substance jaune et onctueuse, que les singes, les vaches et autres animaux mangent. On en tire, après l'avoir laissé macérer quelque temps, une huile par expression, dont on se sert pour l'apprêt des alimens, pour la médecine et pour brûler. De l'amande contenue dans le brou, on extrait une espère de beurre qu'on nomme *quio quio*, ou *thio thio*.

Cette huile a une consistance butireuse; nouvellement extraite elle a une odeur de violette, une saveur douce, une couleur orangée qu'elle perd en vieillissant : elle devient alors blanche et rance. Ces caractères la distinguent de celle qui est factice, et qui n'est autre chose qu'un composé d'huile ou de graisse fondue avec la cire jaune que l'on a colorée par la racine de cucurma et aromatisée par celle d'iris.

L'huile de palme est plus légère que l'eau; elle est fusible au 29° c°; exposée à l'air elle blanchit et rancit; l'alcool à 36° et à froid en dissout un peu;

elle en est précipitée par l'eau ; le liquide bouillant en dissout davantage, mais elle s'en sépare par le refroidissement.

Cette huile est soluble en toutes proportions dans l'éther, à laquelle il communique une couleur jaune orangée ; elle est insoluble dans l'eau. Avec les alcalis, elle donne des savons plus ou moins solides. Suivant M. Henry, 2 parties d'huile de palme et 1 de potasse caustique, etc., forment un savon mou, lisse, jaune et demi-transparent. Les mêmes proportions d'huile et de soude caustique à 36° donnent un savon solide, moins jaune, plus opaque et très lisse : elle s'unit avec l'ammoniaque comme les autres huiles fixes.

Si l'on fait passer du chlore sec à travers l'huile de palme, entretenue liquide, elle devient d'une couleur verte qui disparaît ensuite et fait place à une graisse demi-fluide, d'un blanc grisâtre, plus pesante que l'eau, ayant l'odeur et la saveur du chlore.

M. Henry dit que cette huile doit être regardée comme un composé de

Stéarine 31
Élaïne 69
                    ———
                    100

Le principe colorant réside dans l'élaïne. *Pomet* avait désigné aussi cette huile sous le nom de *pumicin*.

HUILES

des graines oléagineuses.

Quelle que soit la quantité d'huile que la Provence, les départemens de l'Aude, de l'Hérault, des Pyrénées-Orientales, retirent de leurs oliviers, elle est cependant insuffisante pour les besoins de la France, tant comme aliment que sous le rapport de l'éclairage et de ses applications aux arts ; aussi l'Espagne et l'Italie nous en importent plus ou moins.

7

Il est une foule de végétaux dont les semences produisent des huiles qui se rapprochent plus ou moins de celle d'olive. Les départemens dont le sol est impropre à la culture de l'olivier se sont emparés de ces plantes afin d'y suppléer. Parmi ces départemens, celui du Nord tient le premier rang : la fabrication de ces huiles est une des branches principales de son industrie, et Lille est le centre de ce commerce immense. Il n'est pas de voyageur, dit M. Dieudonné (1), qui, arrivant à Lille par les routes de Douai ou d'Arras, ne soit frappé du coup d'œil que présente cette foule de moulins ou tordoirs à vent, qui ceinturent, comme une forêt, les remparts de cette belle ville. L'arrondissement de Lille possède lui seul 267 tordoirs, dont 32 construits depuis la révolution ; les cinq autres en comptent 172 ; aussi depuis quelques années, la culture des graines oléagineuses a été substituée en proportion à celle des céréales. Dans l'arrondissement de Lille, les tordoirs sont en activité toute l'année, lorsqu'ils ont du vent. Il serait aisé de remédier à cet inconvénient, en construisant ces moulins sous le double système du vent et de la vapeur, afin que, lorsque le vent cesse de souffler, on puisse, en leur appliquant la force motrice de la vapeur, ne pas interrompre le travail.

Un moulin ou tordoir à vent peut fabriquer de 300 à 600 hectolitres d'huile par an.

Le terme moyen, dans le 3e arrondissement, est de . . . . , ... 400 hect.
dans celui de Douai, de 200
Hazebrouck, d'environ . . 170
Bergues, de 150
Cambrai, de 120
Avesnes, de 100

Cette différence tient à ce que, dans plusieurs

---

(1) *Statistique du département du Nord*, tom. II.

localités, on n'en exploite que pour la consommation locale...

Chaque tordoir occupe en été deux hommes et
un apprenti; pendant l'hiver deux hommes suffisent.

Les huiles sont livrées au commerce par tonneaux. L'ordonnance royale du 14 novembre 1787
en fixait la capacité de 51 à 52 pots, mesure de
Lille. Depuis la révolution elle était réduite à 50
pots; elle est maintenant d'un hectolitre.

Les graines oléagineuses desquelles on extrait
l'huile dans cette contrée sont :

la caméline,   le lin,
le chenevis,   l'œillette ou pavot blanc.
le colza,

On récolte dans le département du Nord plus de
graines de colza qu'il n'en faut pour la fabrication
de son huile ; les fabricans complètent leurs appro-
visionnemens en autres graines, et surtout en caméline et en œillette dans le département du *Pas-
de-Calais*. Voici les quantités d'huile que fournissent ces diverses graines : pour en obtenir un hectolitre de chacune d'elles, il faut :

                                    du poids de 1 kil. 10
caméline 6 hect. 04; résidu en tourteaux 160
chenevis 9 . . . 93 320
colza . . 4 . . . 50 130
œillette . 5 . . . 18 160
gr. de lin 6 . . . 50 . . . . 181 kil.
le résidu du lin se vend au poids.

Comme la culture de ces graines oléagineuses est
plus étendue dans ce département que dans les
autres, et que cela suppose une plus grande expérience de la part des agronomes qui en font l'objet
spécial de leurs récoltes, nous allons l'appliquer
de préférence à celles de ces graines que nous
allons examiner.

Huile de caméline (myagrum sativum, *tetradyn. siliculeuse de Linné*).

Cette plante est improprement connue dans ce département sous le nom de camomille; cette dernière cependant porte le nom de *matricaria camomilla*, *anthemis nobilis*, *arvensis*, etc., appartient à la syngénésie et ne donne qu'une huile volatile par la distillation des fleurs, tandis que les graines des *myagrum perenne*, *rugosum*, *perfoliatum*, *sativum*, *verum*, et *muralis*, donnent toutes une huile douce. La caméline est donc un végétal bien distinct de la camomille; elle a ses silicules ovales, aplaties, pédonculées, polyspermes; ses fleurs sont petites et jaunes; ce n'est que depuis environ soixante ans que sa culture a été introduite dans le département du Nord, et depuis environ quarante qu'elle sert à remplacer le colza et les graines d'hiver qui ont manqué. Cette culture s'est maintenant propagée dans cette contrée, principalement dans les arrondissemens de Lille, de Douai, etc.

On sème cette graine dans tout le mois de mai, on la couvre avec la herse; il suffit même d'une petite pluie pour la couvrir; on doit choisir une terre douce et légère, et quand elle est un peu forte on la sarcle; on les scie comme l'avoine, au commencement d'octobre on les *engerbe* et quand elles sont bien sèches, ce qui a lieu quatre ou cinq jours après, on les met *en meule* pour les battre à volonté.

Cette plante résiste à l'intempérie des saisons; ses capsules sont sujettes à éclater, et ses semences donnent autant d'huile que celles du pavot. Cette huile se rapproche de celle de la moutarde; elle se prépare et se dépure de la même manière que celle des autres graines oléagineuses.

Huile de cresson alenois.

Le cresson alenois, ou cresson des jardins, *lepi-dium sativum*, croît naturellement presque en tous lieux; il a les feuilles oblongues et multifides, et a la plus grande analogie par son odeur et sa saveur avec celui des fontaines. Ses semences sont ovoïdes, petites et striées; elles ont un goût âcre et brûlant. On les sème en mars et avril comme la caméline; pilées, réduites en pâte avec l'eau chaude et soumises à l'action d'une forte presse, elles donnent quatre litres et demi d'huile pour chaque décalitre de graine. Cette huile a une odeur désagréable et rancit promptement; on l'épure et l'on corrige cette altération en la faisant bouillir avec de l'eau, et la décantant de suite. Pour rendre cet article plus intéressant, je joins ici une note sur la culture du cresson extraite de l'hygie de Bruxelles.

Culture du cresson.

En 1808, M. Bradberry commença, pour la première fois, à cultiver du cresson pour le marché de Londres; cette culture lui a si bien réussi qu'il l'a continuée, et que maintenant il en fournit la capitale tous les jours, excepté les lundis. Il en distingue trois espèces : *le cresson à feuilles vertes*, *le cresson à petites feuilles brunes*, et celui *à grandes feuilles brunes*; ils ont à peu près le même goût, mais celui à grandes feuilles brunes est préféré au marché. Ces trois variétés peuvent croître ensemble, mais il y a des eaux qui sont meilleures pour l'une que pour les autres; celle à feuilles vertes est la plus facile à cultiver; celle à petites feuilles brunes est la plus difficile; mais le cresson à grandes feuilles brunes, est le seul que cultive M. Bradberry, parce que c'est le seul qui prospère dans les endroits où l'eau est profonde. Il se procure de jeunes plantes, et les ayant entourées de terre humide, il les plante dans l'eau courante et basse, et bientôt il se forme des touffes qui s'étendent sur l'eau. On a trouvé que les plantes sont plus faciles à cultiver et à cueillir lorsqu'elles sont placées en rangées parallèles au cours du ruisseau ; lorsque l'eau est profonde, les rangées sont éloignées de cinq, six ou sept pieds ; quand elle est basse, il suffit de conserver entre elles un espace de dix-huit pouces. On a observé que ces plantes poussaient bien, surtout lorsqu'il n'y avait qu'un pouce et demi d'eau ; à mesure qu'elles croissent, elles arrêtent le courant et font monter l'eau. Quand l'eau est profonde, les racines tiennent peu, ce qui rend plus difficile de cueillir le cresson, on le coupe, mais on ne l'arrache pas ; et, après quelques récoltes, les touffes sont plus petites ; la vase amassée autour des racines, la lentille sauvage et les autres racines environnantes, nuisent au cresson. Cela rend nécessaire de nettoyer les lits et de les replanter deux fois par an ; la manière de replanter est de déraciner d'abord toutes les rangées, en suivant le sens du courant, et en retirant du lit toute la vase qui s'y trouvait, quoique ce soit un bon engrais. On choisit alors les plantes les plus jeunes et qui ont le plus de racines, on les place par rangées dans le gravier à une certaine distance les unes des autres, et l'on met des pierres entre elles pour maintenir chacune à sa place. Le cresson vient mal dans un terrain fangeux ; on doit le remplacer par de la craie ou du gravier ; on doit aussi entretenir un courant constant, sans quoi les plantes dépérissent ; on renouvelle les lits tour à tour dans les mois de mai, de juin, de septembre et de novembre, de manière à pouvoir cueillir le cresson à différentes époques. On coupe au mois d'août celui qui a été planté au mois de mai, et au printemps on récolte celui planté en novembre. Quand la plante a été coupée trois fois, ses branches commencent à se multiplier, et il faut la couper le plus souvent possible ; en été on peut récolter une fois par semaine, mais on doit couper net la branche ; en hiver l'eau doit être plus haute, ce qui est facile, en laissant croître les plantes qui retiennent alors le courant. M. Bradberry possède cinq arpens de terre plantés en cresson, il a l'eau des sources qui se trouvent dans les prairies de la rivière de Colne, voisine de ses plantations. Le cresson profite surtout dans les eaux dont la source n'est pas éloignée ; et comme elles gèlent rarement, on peut en récolter toute l'année. Le vaste emplacement à West-Hyde, où se trouvent à présent les plantations de M. Bradberry, a été préparé en creusant le lit des petits ruisseaux à une profondeur partout égale, et en le recouvrant de gravier ; cette culture a assuré à la capitale un approvisionnement de cresson constant et régulier.

Nous avons vu cultiver le cresson dans quelques parties de l'Allemagne, mais nous n'avons aucune connaissance que ce genre d'industrie ait été entrepris en grand parmi nous ; il mérite cependant de fixer l'attention des cultivateurs placés dans des localités et des circonstances favorables à cette culture, surtout auprès des grandes capitales. Le cresson est une plante saine et recherchée sur les meilleures tables, surtout à une époque où les salades et autres verdures sont rares. Cette utile plante pourrait être livrée à bien meilleur marché, si sa culture était faite en grand, et mise ainsi à la portée de tous les ménages ; l'usage en deviendrait bien plus commun ; le public jouirait en bien plus grande abondance d'un aliment sain et agréable, et l'agriculture trouverait un nouveau genre de débouché et de produit.

Chenevis ou chanvre (cannabis sativa) de Linné.

Cette plante est originaire de l'Inde ; elle a la tige grêle, la feuille digitée, elle est dioïque, c'est-à-dire, que certains pieds portent des fleurs mâles et d'autres des fleurs femelles ; on les distingue en ce que le calice des fleurs mâles est à cinq divisions et le calice O, tandis que celui des fleurs femelles est monophylle, entier, béant par le côté ; corolle O, style 2, noix bivalve renfermée dans le calice. Le chanvre est cultivé sur presque tous les points en France, et principalement dans la basse Normandie, la Bretagne, la Picardie, la Champagne, la Bourgogne, l'Alsace, la Franche-Comté, le Dauphiné, le Berry, le Maine, etc.

La terre, dans laquelle on sème le chanvre, doit avoir trois ou quatre labours, être de bonne qualité, et de préférence les terres neuves et basses, les vallées, les terres fortes et noires, les sols tourbeux et limoneux, etc. ; on doit choisir une exposition au midi et à l'abri du vent. Quand on veut former une chenevrière, on donne un bon labour dans le mois de décembre, un second vers la fin d'avril, assez profond pour enterrer toutes les mauvaises herbes ; enfin, on procède à un troisième labour ; au même instant des semailles, on herse fin et l'on y jette trois quarts de sac de graine par arpent ; on la recouvre de suite, et on y passe par-dessus le rouleau si la terre est légère ; on doit choisir pour cela un temps couvert et pluvieux ; dans ce cas le chanvre lève dans quatre ou cinq jours. Dès que l'on a semé une chenevrière, il faut avoir soin d'y placer un grand nombre d'épouvantails ; car presque tous les oiseaux, les volailles et les pigeons étant très friands du chenevis, elle serait bientôt ravagée. Dans certains pays on y poste des enfans

qui la parcourent en agitant des sonnettes; cette
surveillance n'est plus nécessaire du moment que
le chanvre a fait ses deux premières feuilles. Les
semences ont lieu dans le courant des mois de mai
et de juin, et la récolte dans ceux d'août et de septembre; elle se fait en deux fois, c'est-à-dire que
le chanvre mâle étant plutôt mûr on l'arrache
le premier; lorsqu'il est arraché on le lie en gerbe,
que l'on fait sécher en l'exposant au soleil, et on
bat les sommités pour en faire tomber les semences; on fait la même opération pour le chanvre
femelle.

La graine de chanvre, pour être de bonne qualité, doit être grosse, lisse, noirâtre, pesante et bien
nourrie: il faut environ 210 litres de cette graine
pour semer un hectare de terre; l'hectolitre de
cette graine pèse 51 kilogr. ou 104 liv. et $\frac{2}{10}$.

L'huile de chenevis est jaunâtre, elle a une saveur âpre, désagréable; elle ne se congèle qu'à plusieurs degrés au-dessous de zéro; elle est très si-
cative; pour l'extraire, on torréfie légèrement les
semences, on les broie au moulin, on y ajoute un
peu d'eau avant de les soumettre à la presse; au
reste, les moyens d'extraction sont les mêmes que
ceux des autres graines oléagineuses.

Huile de chou, brassica oleracea. *L.*

La famille des choux doit tenir un des premiers
rangs parmi les plantes potagères; non seulement
elle nous offre un excellent aliment, mais ses
graines produisent encore une grande quantité
d'huile. M. Tollard aîné a divisé les choux en six
classes ou races primitives, qui se subdivisent elles-
mêmes en une foule de variétés. Parmi les principales on trouve

Les choux verts, *brassica oleracea viridis.*

Les choux verts à larges côtes,

Les choux cabus, *brassica oleracea capitata*.
Les choux-fleurs, *brassica oleracea botrytis*.
Les choux blancs à larges côtes.
Les choux pommés à plusieurs pommes.
Les choux à jets et à rejets.
Le chou vert frangé à aigrettes rouges.
Le chou frisé rouge d'hiver.
Le chou panaché.
Le chou tricolor.
Le chou frisé vert d'hiver.
Le chou crépu d'Ecosse.
Le chou cabbaye.
Le chou hâtif d'Yorck.
Le chou hâtif en pain de sucre.
Le chou cœur de bœuf.
Le chou hâtif de Bonneuil.
Le chou pommé de Saint-Denis.
Le chou pommé blanc d'Alsace.
Le chou pommé blanc de Hollande.
Le chou quintal.
Les choux de Milan hâtif-trapu-doré-d'été.
Le chou pancalier.
Le gros chou frisé, panaché, d'Allemagne, etc.

On n'a point essayé d'extraire l'huile de toutes ces espèces de choux; celles sur lesquelles cette extraction s'est opérée, comme essais, sont les suivantes :

Le *chou-rave* de Prusse ou *rape-cool* des Anglais.

Le *chou-navet* de Laponie ou de Suède, *rutàbaga brassica napa*.

Le *chou-rave* à grosses racines, ou mieux, à collet enflé, *brassica oleracea gongiloïdes* : il y en a deux espèces, le blanc et le violet.

Le *chou arbre* ou chou cavalier de Bretagne, *brassica vaccina*.

Le *chou cavalier branchu* de Bruxelles ou de Normandie.

Le *grand chou frisé d'Ecosse.*

Le *capouska ou chou frisé gigantesque de Sibérie.*

Le *chou à fourche.*

Les huiles de ces choux ont été extraites comme de simples essais ; elles se rapprochent toutes par leurs propriétés diverses : il n'en est pas de même de celles des espèces suivantes.

Le chou colza, *brassica arvensis.*

Le chou-navet, *brassica.* Oler. *napo-brassica.*

Comme on cultive ces deux espèces pour l'extraction de l'huile de leur semence, dans plusieurs départemens, nous allons les examiner aussi plus en détail; nous nous bornerons à dire que l'on peut les extraire de toutes les graines de cette nombreuse famille par le même procédé.

Chou et huile de colza, brassica oleracea arvensis; brass. campestris. L.

Le chou colza paraît être une des espèces primitives peu altérées; il ne pomme point, ses tiges sont rameuses, ses feuilles sinuées et étroites, ses fleurs jaunes. Sa culture exige les bonnes terres, bien fumées, et les sarclages ; on doit le récolter un peu vert, car il mûrit dans le tas et se bat facilement. M. Castera, propriétaire à Saint-Etienne-d'Orthe, sème en terre de maïs le colza dans les mois de septembre et octobre; de 6 ares qu'il avait ensemencés, il recueillit 2 hectolitres de graines ou 40 hectolitres par hectare; chaque hectolitre lui donna 20 kilogrammes d'huile. Le produit ordinaire de l'huile, que produit cette semence, est de 5 hectolitres d'huile par chaque double décalitre.

Ce chou fournit une si grande quantité de semences, qu'on en a trouvé un pied en 1805, dans les environs de Lille, qui portait 4400 cosses, contenant 172,000 graines.

On sème le colza, en Flandre, dans le mois de juillet ; il faut 11 litres $\frac{8}{10}$ par hectare : le champ où on le sème n'est pas celui où on le cultive et le récolte. On arrache les jeunes plantes vers la fin de septembre ou le commencement d'octobre, pour les planter dans une autre terre de bonne qualité ; il faut 135,200 plantes par hectare.

Le colza est plus particulièrement cultivé dans une partie de l'Artois, dans le Brabant et en Flandre. La meilleure graine est celle qui est la plus noire, la plus pleine et la plus onctueuse, quand on l'écrase. Pour les semailles, on peut recourir à celle qui est d'une qualité inférieure. On reconnaît les graines qui ont été cueillies avant leur maturité à leur couleur rougeâtre : elles sont moins huileuses que les autres, et doivent être rejetées pour les semences ; les meilleures qualités en contiennent toujours un peu. Cette graine perd beaucoup de son poids en se séchant ; dans les fabriques de la Flandre on calcule qu'il en faut 4 hectolitres et demi pour 1 hectolitre d'huile, et 1 hectolitre de graine pèse, année commune, 65 kilogrammes $\frac{1}{10}$; l'hectolitre de cette huile pèse 91 kilogrammes $\frac{9}{10}$, ce qui fait que le colza produit 32 et demi pour 100 d'huile, ou bien environ le tiers de son poids.

L'on prépare cette huile comme celle des autres plantes oléagineuses ; elle est jaune, très visqueuse, et douée d'une odeur analogue à celle des plantes crucifères : lorsqu'elle est dépurée, par les procédés que nous indiquerons ailleurs, elle est douce, d'une odeur agréable et d'un poids spécifique égal à 913.

Cette huile est employée pour l'éclairage, pour la fabrication des savons verts ; on la fait entrer aussi dans le savon ordinaire, mais en petite quantité.

Huile de faîne.

On donne le nom de faîne au fruit du hêtre, *fagus sylvatica*. Lin. Cet arbre est très abondamment répandu dans nos forêts ; il en est même quelques unes qu'on appelle *d'essence de hêtre* qui en sont presque entièrement formées. Cet arbre vient très haut et très gros. Le Dr Tournon en a rencontré un sur les bords de la *Nive*, dans le pays basque, dont le tronc avait vingt pieds de circonférence ; il produisait chaque année quarante-huit punières de fruit (1). Je ne donnerai ici ni sa culture ni sa description, parce que la première n'exige aucun soin, et que cet arbre est trop connu pour ne pas regarder ces détails comme superflus. Je me bornerai à dire que le hêtre est un des arbres forestiers les plus précieux, tant à cause de son bois, que l'on applique au charronnage, aux constructions et au chauffage, que pour l'extraction de l'huile de ses graines. Ce dernier avantage a été si bien reconnu, qu'après plusieurs rapports qui furent faits à la Convention, dont un entre autres fort intéressant, par M. Boudin, elle rendit un décret, le 28 fructidor an 3, pour chasser les porcs des forêts de hêtre et faire recueillir la faîne. Elle donnait vingt-cinq sols par jour aux femmes qui pouvaient ramasser vingt-cinq livres de faîne, ou bien elle payait ces mêmes graines, nettoyées et mondées, un sou la livre. Il est aisé de voir que la Convention avait pour but de suppléer aux huiles d'Italie et d'Espagne, en mettant à profit une production de notre sol

---

(1) La punière pèse environ 8 livres, qui multipliées par 48, donnent 384 livres ; or, en admettant que ces graines ne donnent qu'un sixième d'huile, cet arbre doit en produire annuellement 64 livres ; ce qui est un fort joli revenu.

abandonnée, et dont on pouvait retirer un si grand profit que Boudin assure (1) qu'en 1779 une portion de la faîne recueillie dans la forêt de Compiègne, fournit plus d'huile qu'il n'en faudrait aux habitans du pays pendant un demi-siècle. Le gouvernement ne se borna pas à ce décret ; il fit rédiger par MM. Berthollet, L'Héritier et Tissot, au nom de la commission d'agriculture et des arts, deux instructions très intéressantes sur les soins à prendre tant pour recueillir la faîne que pour en extraire l'huile. Nous aimons à convenir que nous en avons extrait une partie de cet article. On doit ramasser les semences de faîne vers la fin de septembre, et en opérer de suite la dessication en les étendant dans un lieu bien sec et bien aéré, à l'abri du soleil. On peut également aider cette dessication, en faisant passer dans le local où elles sont étendues, un courant d'air chaud ; on croit qu'au moyen de cette précaution on extrait beaucoup plus d'huile. Quand ces semences sont sèches, on les vanne pour en séparer les graines vides ou creuses. Quelques personnes les trient à la main ; ce moyen est le meilleur, mais il est trop long et trop dispendieux ; on peut aussi les jeter contre le vent ou recourir au crible au vent.

Les semences de hêtre sont entourées d'une coque ou capsule très courte, et immédiatement d'une pellicule qui donne un mauvais goût à l'huile ; en général on prépare cette huile sans enlever cette coque, mais l'expérience a démontré qu'on perd, dans ce cas, jusqu'à un septième de l'huile qu'on obtiendrait en les en dépouillant. On parvient à les écorcer en les faisant passer par des meules semblables à celles des moulins à farine, mais assez écartées pour qu'il n'y ait que l'écorce

_____

(1) *Feuille du Cultivateur,* tom. IV.

d'attaquée ; quant à la pellicule on peut l'en séparer en secouant ces amandes écorcées dans un
sac et en les vannant. Une fois qu'on a obtenu ces
semences, dans l'état qu'on le désire, on peut les
réduire en pâte par divers moyens.

1°. En les portant au moulin à pilon, on les
pile à coups modérés, en ayant soin d'y ajouter
de l'eau, de temps en temps, pour lier la pâte, qu'on
porte ensuite au pressoir, comme celle des autres
graines oléagineuses. Il suffit d'une livre d'eau
pour chaque quinze livres de faîne ; la faîne est
assez pilée, quand en la pressant entre les doigts,
l'huile en sort ; il suffit de la soumettre environ un
quart-d'heure à l'action du pilon pour obtenir cet
effet.

2°. En les soumettant à l'action des meules verticales en pierre dure dont nous donnerons la description.

3°. Le meilleur moyen est la mouture ; quand
les graines sont écorcées, on les réduit en farine
grossière qu'on passe ensuite à un moulin à farine.
Les meules ne s'engraissent point si elles ne vont
pas très vite et que l'air puisse les rafraîchir.

Dès que l'on a obtenu une farine fine, on en fait
une pâte avec l'eau, on la soumet à la presse de
la même manière que les autres semences oléagineuses et en recourant aux pressoirs divers, que
nous avons décrits tant pour l'huile d'olive que pour
les semences oléagineuses. Lorsqu'il n'en sort plus
d'huile, on remet le marc sous les meules verticales ; on l'arrose avec de l'eau tiède qui favorise la
sortie de l'huile en s'emparant du mucilage ; on
soumet ensuite cette pâte à la presse ; la première
huile porte le nom d'huile vierge, c'est la meilleure.
Quelquefois on ajoute, au second résidu qu'on
passe à la meule, de l'eau bouillante, pour en
extraire une huile d'une qualité inférieure.

L'huile de faîne bien préparée a une couleur ambrée, elle est inodore et a une saveur très douce, surtout si elle a été préparée avec la faîne séparée de l'écorce et de la pellicule; cette huile est très bonne comme aliment; elle peut suppléer à celle d'olive; elle se conserve mieux que toutes les autres; on assure qu'elle s'améliore en vieillissant; elle est délicate à cinq ans et se soutient jusqu'à 10, 20 ans et au-delà. (1)

Tous ceux qui se sont occupés de son extraction ne sont pas d'accord sur les quantités d'huile qu'on peut extraire d'un poids donné de faîne; les uns en ont obtenu un cinquième, les autres un sixième; enfin, des expériences faites à Mont-de-Marsan en 1793, ont donné 28 livres d'huile pour cent livres de graines, ce qui fait plus du quart; cette différence, dans les produits, nous paraît due :

1°. A l'état du fruit plus ou moins nourri et plus ou moins mûr et sec;

2°. A l'état de finesse de la pâte ou de la farine;

3°. A la bonté des pressoirs;

4°. Aux soins qu'on a pris pour monder la faîne.

Nous croyons devoir ajouter ici le tableau des différentes extractions de l'huile de faîne, tel qu'il a été publié par la commission d'agriculture et des arts. Quant aux procédés accessoires à la fabrication de l'huile de faîne, comme ils se rattachent à ceux des autres graines oléagineuses, nous y renvoyons nos lecteurs.

---

(1) Boudin, *loco citato.*

Tableau des différentes extractions de l'huile de faîne.

La faîne est
{
  avec son
{
    pilée, écrasée ou moulue.
{
      Première expression sans feu,
{
        avec de l'eau, plus de produit, plus de saveur.
}

      Deuxième expression avec du feu.
{
        plus âcre.
}
}

écorce

Nota. Pilée, l'huile est moins douce.

Nota. La première expression rend moitié moins que la seconde.

ou

sans écorce
{
  moulue, écrasée ou pilée.
}
Voyez l'expérience suivante, successivement pour la même faîne, donne plus de produit ; c'est le procédé Hollandais.

Nota. Sept livres de farine mondée, pressée sans eau, n'ont donné que trois onces d'une huile insipide ; après y avoir ajouté dix onces d'eau tiède, le produit a été de 14 onces d'une huile qui avait le goût de celle d'amandes. Le résidu chauffé à 30° R. avec autres dix onces d'eau chaude, a donné trois onces et demi d'une huile trouble ; total 20 onces et demi.

Autre expérience.

101 livres et demie de farine de deux ans ont été passées dans un moulin à farine, à bras, à meules écartées pour les concasser ; après les avoir passées deux fois au tarare ou crible à vent, elles ont donné,

en farine assez grosse. . . . . 61 liv. 6 onces

L'écorce repassée au tarare a produit

farine bise. 7   12

Les écorces ou gros son ont pesé . 31   2

Il y a eu donc un déchet de. . . . 1   4

               Total. . . . 101 liv. 8 onc.

Mais comme le calcul a démontré que dans cette farine bise il n'y avait que deux livres d'amandes; il en résulte qu'un 100 de farine non écorcée se composent de :

       amandes. . . . . . 62 liv.

       écorce. 38

                 100

On a ajouté à cette farine 5 livres 10 onces d'eau tiède, ou une once et demie par livre; après l'avoir laissé humecter pendant demi-heure, on l'a passée, dans des sacs de coutil, à la presse à vis; après avoir laissé égoutter, pendant quatre heures, on a obtenu. . . . . 11 liv. 4 onces d'huile.

Les tourteaux pilés et hu-

    mectés avec 4 livres d'eau

    chaude et exposés dans

    une bassine de fer pen-

    dant un quart-d'heure à

    30° R. et soumis ensuite

    à la presse ont donné. . 1   12

    Total 13

ce qui fait environ le 0,8 en y comprenant l'écorce. L'huile du premier produit est devenue claire en quatre jours; sa saveur était douce avec un goût agréable d'amande; celle du second produit s'est éclaircie plus tard; elle était plus colorée, la saveur en était moins agréable; au bout d'un mois elle s'était bonifiée sensiblement. Il résulte de ce

qui précède et de quelques autres expériences,
1°. que l'huile de la première pression est,

en plus grande quantité, plus) que celle de la
agréable au goût, moins colorée, } seconde pression.
et fournit plus de dépôt)

2°. Que toute l'huile de farine écorcée ou mondée, comparativement à celle de chaque pression
qui ne l'est pas, est

en plus grande quantité,
plus agréable au goût,
moins colorée, fournit
moins de dépôt.

Huile de galéope.

De temps immémorial on extrait, dans les environs de Bouillon, une huile des semences du
galéope piquant, galeopsis tetrahit, en les pulvérisant,
et les exposant ensuite à la vapeur de l'eau bouillante, les soumettant à la presse entre deux plaques de fer chaudes et laissant dépurer l'huile
par le repos. En 1804, M. Luc a proposé de retirer
cette huile de trois plantes de cette famille des labiées. M. Sonnini les a désignées avec les détails
suivans :

1°. Le *galéope des champs, galeopsis ladanum*, L.
ou bien *ortie rouge, crapaudine des champs*, fleurs à
verticilles écartés et rouges, calice sans épine,
feuilles lancéolées, rarement lancéolée, etc.; elle
croît partout, dans les champs, le long des chemins, etc.

2°. Le *galéope piquant, galeopsis tetrahit*, ou *chan-
vrin, ortie royale*; fleurs rouges, à verticilles supé-
rieurs presque contigus, calice garni de dents, etc.;
se trouve dans les bois et les champs, près des
maisons, sur les bords des chemins, etc.

3°. Le *galéopside à grandes fleurs*, *galeopsis grandi-flora*, L.; fleurs d'un blanc jaunâtre, feuilles ovales, pétiolées, dentelées, velues, douces au toucher; elle vient très bien sur les sols légers et sablonneux.

Comme ces plantes croissent naturellement, il est évident que leur culture serait des plus faciles; leurs semences se récoltent en été et de la même manière que celles du colza.

L'huile de galéope est très douce et a le goût de noisette; elle peut, dit M. Luc, remplacer en beaucoup de cas l'huile d'olive. M. Sonnini fait cependant observer, que, dans les environs de Bouillon, on ne l'emploie guère qu'à brûler; elle est aussi très recherchée par les vitriers pour préparer leur mastic. On pourrait la préparer en grand comme celle des autres graines oléagineuses.

Huile de julienne, Hesperis matronalis.

La première idée de la culture de cette plante est due à M. Delys, sur les notes duquel M. Sonnini publia un Mémoire très-intéressant dans le tome 1er de la *Bibliothéque physico-économique* (1804). Cette plante appartient à la tétradynamie siliqueuse. Sa tige est droite, cylindrique, un peu velue, rameuse et garnie de feuilles lancéolées, etc. Elle croît naturellement dans les prairies et les lieux ombragés de l'Italie et de plusieurs autres parties méridionales de l'Europe. En France, elle est une de celles qui font l'ornement des jardins. La julienne, comme plante à semence oléagineuse, mérite cependant de fixer l'attention des agronomes, puisque c'est une de celles qu'on exploite pour l'extraction des huiles, et qui en produit le plus. M. Sonnini rapporte qu'il parvint à retirer de sept pintes de semences de julienne plus d'une pinte d'huile. Les expériences comparatives qu'il a

faites pendant plusieurs années sur l'extraction des
huiles de chenevis, de julienne et de navette, lui
ont donné pour terme moyen :

Une mesure de 38 livres de graines de ju-
lienne. . . . , ... 8 pintes $\frac{1}{4}$ d'huile.
 id. . . . id. de navette. 7 $\frac{1}{2}$
 id. . . . id. de chenevis. 5

M. l'abbé Delys pense que la culture de la julienne est beaucoup plus avantageuse que celle du
colza, en supposant même que ses semences don-
nassent moins d'huile. Les semences des juliennes
sont plus petites que celles du colza; mais la quantité que cette plante en donne compense la grosseur de celles de cette dernière.

L'huile de julienne a une saveur amère et âcre;
elle se fige comme celle d'olive ; elle brûle très
bien, ne se consume pas plus vite que les autres
huiles, ne répand pas d'odeur, et produit une vive
lumière. Il est bon de faire observer qu'elle donne
une fumée noire et abondante, qui colore le linge
des personnes qui travaillent à la lueur des lampes
alimentées par cette huile. Il y a apparence que,
par l'épuration, on lui enleverait ce défaut et une
partie de sa saveur.

On sème la julienne dans le mois d'octobre, dans
une bonne terre : on la recouvre avec la herse ; on
lui donne au commencement du printemps un sar-
clage pour la débarrasser des herbes étrangères ;
elle fleurit au mois de juin ; ses fleurs sont blanches,
purpurines ou panachées ; elles ont une odeur suave;
on arrache la plante quand elle est en maturité parfaite. Les graines qui tombent servent à la renouveler sans aucun soin. Depuis dix ans que mon terrain est semé de juliennes, dit M. Sonnini, il n'a
cessé de produire avec la même vigueur et le même

bénéfice (1). Ce qui est digne de remarque, c'est que les froids les plus rigoureux de la Lorraine n'ont produit aucun mauvais effet sur cette plante.

On peut également semer la julienne avec l'avoine ou le sarrasin.

Huile de lin.

Avant de faire connaître la préparation de l'huile de lin, nous croyons utile de dire un mot de sa culture. Parmi les agronomes qui s'en sont spécialement occupés, nous citerons M. Saint-Amand, qui a publié dans la *Bibliothèque physico-économique* un Mémoire fort intéressant, auquel nous avons emprunté les notions suivantes :

Le lin, *linum usitatissimum*, L., exige des terrains différens, suivant que l'on veut avoir de belles et bonnes graines, ou suivant que l'on veut obtenir la finesse des brins. On doit rechercher la terre douce, substantielle, un peu limoneuse, dans un lieu bas et non marécageux. Le lin réussit bien dans une terre un peu forte ; mais il sera plus fin et plus soyeux s'il est récolté dans une terre légère. L'une et l'autre terre doivent être amendées et travaillées profondément : les terres sablonneuses, ainsi que celles qui sont trop légères ou exposées sur les lieux élevés ne lui conviennent point à cause de la sécheresse. Au reste, quelle que soit la terre dans laquelle on ait semé le lin, la température de l'année influe beaucoup sur sa production. En effet, si l'été est chaud, dans les lieux bas et humides, il vient très bien ; il n'en est pas de même dans les lieux secs ou élevés ; le contraire a lieu si l'été est humide. En général, il ne faut pas semer deux

_____

(1) Dans ce cas on doit, au mois de mars, arracher la surabondance des plantes et les planter ailleurs.

années de suite le lin dans le même champ, à moins que le terrain ne soit des plus fertiles.

Lorsqu'on veut semer le lin dans une terre, on doit faire en sorte qu'elle soit bien ameublie, et lui donner trois ou quatre bons labours. Le premier a lieu au mois de juillet, dans le midi, et au mois d'août, dans le nord; le second, dans le mois de novembre; le troisième, au mois de mars, dans le midi, et au mois d'août, dans le nord; c'est alors que l'on répand du fumier dans les sillons que l'on recouvre aussitôt : enfin, on laboure, pour la quatrième fois, au moment de le semer.

Dans le midi de la France et dans ceux du centre, on sème le lin au commencement d'octobre : dans le nord, et particulièrement en Courlande, à Riga, en Saxe, en Flandre, etc., on ne sème qu'au printemps. En général, le fil de celui-ci est plus fin, plus délié, plus soyeux; mais l'expérience a démontré que la graine de lin d'automne était la meilleure. La bonne graine de lin doit être courte, grosse, épaisse, rondelette, ferme, pesante, d'un brun clair, et huileuse. Celle qui ne réunit pas ces qualités, et qui a contracté une couleur verdâtre, doit être rejetée tant comme semence que comme destinée à la fabrication de l'huile. La plus estimée est celle de Riga; on en vend sous ce nom qui proviennent de la Prusse et de la Russie; la Zélande en produit qui ne le cède en rien à celle de Riga. Des agriculteurs sèment la graine qu'ils ont récoltée; mais l'expérience a démontré que le changement donnait de meilleurs résultats. La quantité de graine de lin, à semer par hectare, diffère suivant la nature du terrain et l'époque des semailles; ainsi le lin du printemps se sème plus clair que celui d'automne. Si l'on veut avoir de la bonne graine on doit semer clair, et employer, en général, 150 livres de graine pour un peu plus du tiers d'un hectare, tandis que l'on en met 180 lors-

qu'on recherche la finesse des fils. En Flandre, on
en met le double pour les lins à ramer. Dans le
Béarn, on porte cette quantité jusqu'à 3oo pour le
gros lin, et au-delà pour le petit. Quand la graine
est semée, on la couvre avec la herse; on sarcle,
quand les herbes ont poussé; on rame ensuite ceux
qui ont besoin de l'être, et on l'arrache ordinairement par un temps bien sec. Lorsqu'il a pris une
couleur jaunâtre, on le réunit en gerbes, que l'on
achève de faire sécher au soleil; après quoi, l'on
en sépare la graine et l'on fait rouir la tige. Cette
semence doit être exposée quelque temps à l'air,
afin que sa dessication soit complète.

Lorsqu'on veut préparer l'huile de la graine de lin,
il suffit de la piler ou de la réduire en farine, au moulin, et de la soumettre au pressoir; mais on n'en obtient par ce moyen qu'une petite quantité qui, à la
vérité, est la plus pure. Quand on veut la préparer
en grand, on la torréfie afin de détruire la grande
quantité de mucilage qu'elle contient; on la broie
ensuite; on la chauffe avec un peu d'eau, et on la
soumet à la presse; alors elle est rongeâtre et a
une odeur et une saveur empyreumatiques. Cependant la couleur la plus ordinaire de cette huile,
quand cette torréfaction n'est pas poussée trop
loin, est jaune verdâtre; elle a une odeur et une saveur particulières; elle est très siccative, aussi a-t-
elle de nombreuses applications dans la peinture et
dans les arts. On doit appliquer à sa préparation en
grand les moyens divers que nous indiquerons pour
la préparation des huiles des graines en général.

Manière de faire l'huile de lin en Sicile.

On porte la graine de lin au moulin à huile, où
on la fait moudre jusqu'à ce qu'elle soit réduite en
une espèce de pâte; on continue à la pétrir pendant cinq quarts d'heure, en ayant soin d'y jeter

de l'eau dessus, de temps en temps. Quand cette pâte
est bien écrasée, on la vanne, afin d'en séparer
toutes les parties étrangères ; on passe de nouveau
à la meule le résidu du van, que l'on nomme les
soagli. On place ensuite cette poudre dans de petits
cabas faits avec le jonc, et on les porte au pressoir ; on en retire ainsi une huile très claire : on
lave ces cabas, après en avoir tiré les tourteaux que
l'on vend pour engraisser les bestiaux ; chaque
pressée donne 100 livres d'huile : on la place dans
des jarres pour la laisser déposer avant de l'expé-
dier à l'étranger. La graine de lin, principalement
employée à cette extraction, est le *linum sativum
vernale, vegetiùs ac robustiùs nigro virens, ex mascu-
lino semine preditum.*

Huile de lin dite de la marmite.

On prend :

Huile de lin.	15 livres.	
Minium ou du cinabre .	1	8 onces.
Céruse.	2	4
Terre d'ombre.	»	4

On place la marmite sur le fourneau ; on y verse
ces substances qu'on fait bouillir ensemble pendant
trente-six ou quarante minutes, en ayant soin de les
remuer de temps en temps avec une spatule de bois,
et en faisant attention que l'huile soit ni trop peu
cuite, ni trop visqueuse par la cuisson. Quand elle est
au point convenable, on la retire du feu, et l'on
jette dans la marmite environ une demi-livre de
pain, croûte et mie ; on la couvre et on laisse refroidir pendant un jour.

Cette huile ainsi préparée est souvent employée
dans les arts : nous croyons qu'elle diffère peu de
la suivante.

Huile de lin lithargirée.

L'huile lithargirée étant beaucoup plus siccative que l'huile de lin ordinaire, est par conséquent beaucoup plus employée dans la peinture, et surtout dans les vernis gras. Voici la manière de faire cette opération. On prend sept à huit parties de litharge en poudre fine, que l'on fait bouillir avec une d'huile de lin : on agite de temps en temps avec une spatule, et l'on enlève soigneusement l'écume qui se forme ; on la retire du feu dès le moment qu'elle a acquis une couleur rougeâtre ; il suffit du repos pour en opérer la clarification. Tout porte à croire que cette huile retient de la litharge, avec laquelle elle forme une espèce de savon métallique.

Huile de lin cuite, ou vernis.

On prend une quantité donnée d'huile de lin, que l'on fait bouillir dans un vase de terre ; aussitôt qu'elle est en ébullition on l'enflamme, et on la laisse brûler pendant environ une demi-heure : au bout de ce temps on l'éteint, et on la fait bouillir à petit feu jusqu'à ce qu'elle ait acquis la consistance convenable ; elle porte alors le nom de *vernis*. En broyant cette huile avec un sixième de son poids de noir de fumée on obtient l'encre des imprimeurs.

Huile de moutarde.

Les diverses espèces de moutarde sont susceptibles de donner deux huiles ; l'une qui est volatile et contenue dans l'enveloppe séminale, et l'autre qui est douce et contenue dans les cotylédons. Des diverses moutardes le *sinapis alba* est la seule cultivée en Angleterre dans quelques localités ; en France on la sème aux environs de Villefranche. Dans le midi , et principalement aux environs de Narbonne, elle croît naturellement avec le *sinapis nigra, moutarde noire.* Dans le domaine de *Tauran*, et sur les bords d'une petite rivière, dite la Mayral, elle s'y trouve annuellement en si grande quantité que les paysans vont en ramasser les semences pour les livrer au commerce. En 1820, le propriétaire s'en étant tardivement avisé, en fit couper plusieurs charretées qu'il porta au sol pour en extraire les graines. Cette plante se plaît tellement dans ce terroir que nous en avons vu, avec M. Delille, qui avaient plus de huit pieds de hauteur ; l'on voit, d'après cela , combien une exploitation que l'on dédaigne ou que l'on ne connaît pas , pourrait être avantageuse tant comme fourrage que pour l'extraction de l'huile.

La moutarde est très productive ; elle croît aux environs des maisons et des chemins, ainsi que dans les terres les plus mauvaises et les plus maigres. On la sème vers la fin de mars, et on la récolte vers la fin d'août. M. Fischer de Creilsheim dit qu'en ayant semé une livre dans un champ de 90 perches, il en récolta 558 livres de graines desquelles il garda une livre et demi pour ensemencer l'année suivante. Le reste donna 36 livres d'huile au moulin par la première pression à froid, et 45 par la seconde à chaud : total 81 livres. Cette quantité est inférieure à celle que l'*Oracle de l'agriculture* dit qu'on en extrait (tom. 1, page 35), qui est de 30 pour 100. Quant à moi je n'ai trouvé ces proportions que de 20 à 25 pour 100, ainsi que je l'ai consigné dans mon mémoire sur la moutarde, auquel les Sociétés royales de Marseille et de Toulouse décernèrent une médaille , et qui est consigné, par extrait, dans le *Journal de Chimie médicale* et dans l'*Art du vinaigrier* et du *moutardier* que j'ai publié en 1827.

La moutarde a été rangée par Linné dans la pentandrie monogynie ; on en compte environ vingt espèces, toutes susceptibles de donner de l'huile ; cependant on donne la préférence à la grande ou *senevé ordinaire* ; celle du commerce est un mélange des *sinapis alba et nigra* : on regarde cette dernière comme étant plus énergique. La floraison de cette plante dure tout l'été, et les fleurs, en se succédant l'une à l'autre, se montrent jusqu'au sommet de la tige.

L'huile de moutarde est d'une couleur ambrée, et d'une saveur très douce ; cependant M. Thieberge en a obtenu qui était un peu verdâtre, et avait une légère odeur de moutarde, qu'il attribue à un peu d'huile volatile. Cet effet me paraît dû à ce qu'il employa, pour l'extraire, des plaques chauffées, tandis que j'opérai à froid. L'action de l'air sur cette huile n'est pas aussi énergique que sur celle d'olive ; j'en ai conservé pendant deux ans dans un flacon qui n'était rempli qu'aux deux tiers, sans se rancir. Par les plus grands froids de 1808, l'huile de moutarde ne s'est point figée, mais seulement épaissie et décolorée, ce qui la rend précieuse pour l'horlogerie. Ce fait ne s'accorde point avec l'opinion de M. de Fourcroy, qui assure que les huiles qui se figent le plus vite sont les moins altérables, et que celles qui sont difficilement congelables sont les plus sujettes à rancir. Le poids spécifique de cette huile est un peu plus fort que celui de celle d'olive ; il est à celui de l'eau : : 9,202 : 1,000. Cent parties d'éther en dissolvent vingt-trois, tandis qu'il faut plus de 1,000 parties d'alcool à 36° pour en dissoudre une. Unie à la soude caustique elle donne un savon ferme et d'une couleur jaunâtre.

M. Fischer a reconnu qu'un arpent de terre médiocre donne 3 livres de moutarde par perche, ce qui fait 1080 livres, qui rendent 163 livres d'huile.

par arpent; laquelle huile dépurée pèse 142 livres. Un arpent de terre légère et sablonneuse en donne 2 livres et demie par perche, ce qui fait 900 livres par arpent, lesquelles produisent 144 livres d'huile qui, par la dépuration, se réduisent à 130.

Suivant cet auteur, on peut enlever très aisément à l'huile de moutarde son mauvais goût, en y ajoutant un tiers de son poids d'eau, dans laquelle on délaie auparavant une once, par livre de ce liquide, d'argile en poudre et tamisée; on doit avoir soin d'agiter le tout de temps en temps. Au bout de sept à huit jours on enlève l'huile qui surnage le mélange, et qui est alors blanche et de bon goût. Suivant M. Fischer on parvient, par ce même moyen, à dépouiller toutes sortes d'huiles de leur odeur et de leur mauvais goût.

Chou-navet, brassica oler., napus brassica, navets ou navette. Var.

La navette est cultivée dans un grand nombre de localités, telles que la Picardie, la Brie, la Champagne, l'Artois, l'Alsace, la Normandie, les environs de Cologne, le Brabant; les parties de l'Allemagne qui avoisinent le Rhin, à Gênes, dans le département du Jura, et plus encore à Arbois où elle se reproduit naturellement dans les champs, les haies, etc. Sa semence est un peu plus petite que celle du colza. Après la récolte du froment on donne un labour à la terre pour enterrer le chaume, et on y sème la navette, du 15 au 30 août. Il est des cultivateurs qui, en hiver, y jettent du fumier frais afin de garantir les plantes des fortes gelées qui les font périr. On n'arrache pas les plans de navette pour les replanter, comme on fait pour ceux de colza, mais, dans la première quinzaine de mars on sarcle et l'on éclaircit les pieds de manière à ce qu'ils soient à la distance

de 3 à 5 décimètres, suivant la bonté du sol et la force de la plante. Du 1 au 15 juin on sème dans ces intervalles du maïs ou des pommes de terre.

D'après M. Dumont, le produit d'un journal, dans l'Arbois, de navette bien soignée, est de vingt boisseaux ou cinq hectolitres, qui ne valent jamais moins de cinq francs le boisseau.

L'huile de navette est semblable à celle de colza; elle se prépare et se dépure de même; elle est tant soit peu moins visqueuse.

On peut également extraire une huile semblable de toutes les variétés de navets, telles que :
le navet blanc plat,
— blanc-long,
— long de Berlin à collet rouge,
— long de Berlin à collet vert,
— blanc hâtif,
— de Belleville,
— gros long d'Alsace,
— jaune de Hollande, ou navet-abricot excellent,
— de Freneuse (préféré à tous les autres pour la table),
— de Meaux,
— le petit de Berlin, dit *tellau*,
— le gris,
— le noir,
— le rouge, ne tenant à la terre que par un fil,
— de Saint-Omer ou d'Artois, très large, rond et aplati,
— ou rabe de limousin,
— turneps,
— de Saulieu, à écorce brune,
— rose du Palatinat,
— de Suède; on en mange les feuilles, etc.

Tous ces navets peuvent être semés jusqu'au mois d'août; il en est qui résistent à 7 à 8 degrés de froid.— o. Le sol où on les sème exerce beaucoup d'influence sur ces variétés. Celui qui leur

paraît le plus convenable est un terrain sablonneux sec et maigre. Dans les terres bonnes, ils deviennent plus gros il est vrai, mais ils ont moins de saveur.

Huile d'œillet ou pavot, papaver somniferum.

Dans le commerce on donne le nom d'*huile d'œillet* ou *œillette* à celle qu'on extrait des semences de pavot, *papaver somniferum;* elles doivent être petites, noires, bien nettes, onctueuses quand elles sont écrasées, et avoir le goût de noisette. Dans la Flandre on les sème du 15 au 30 avril, et on les récolte vers la fin du mois d'août; on cultive aussi ce pavot, pour en extraire l'huile, dans les départemens du Nord et du Pas-de-Calais, aux environs d'Arras, de Douai, de Lille, en Alsace, etc. M. le comte d'Ourches a introduit cette culture dans le département du Loiret; on y sème les graines du 1er septembre au 1er octobre, ou, suivant la saison, en février, mars et avril, dans les champs de pommes de terre où il réussit très bien. Il faut cinq litres $\frac{15}{100}$ de graines pour ensemencer un hectare de terrain. L'œillet ou pavot blanc s'élève jusqu'à cinq pieds de hauteur, et produit de belles fleurs auxquelles succèdent des capsules où sont logées les graines. Il faut cinq hectolitres 18 litres de ces graines pour produire un hectolitre d'huile qui pèse 188 livres et demie poids de marc; dans le département du Loiret, M. d'Ourches en a extrait de chaque double décalitre, six litres et demi d'huile, ce qui fait environ le tiers. Cette quantité est beaucoup plus forte que celle que l'on en retire en Flandre.

L'huile d'œillet pure est moins visqueuse que la plupart des autres; elle est d'un blanc jaunâtre, inodore, d'un goût d'amande et ne se fige pas à o. La litharge la rend siccative; cette huile est très employée comme aliment; c'est celle qui est la plus propre à remplacer celle d'olive, lorsqu'elle est bien dépurée et qu'elle n'a pas cette odeur qu'on appelle *de feu*. Traitée par les alcalis elle donne un savon gris; son poids spécifique est de 930.

On peut également extraire une huile analogue des pavots suivans :

Papaver *Argemone*,	— *Dubium*.
— *Nudicaule*,	— *Cambricum*.
— *Alpinum*,	— *Orientale*.
— *Hybridum*.	

Cette huile se prépare et se dépure comme celle des autres graines oléagineuses.

Huile de pepins de raisin.

On sait depuis long-temps que les pepins de raisin contiennent beaucoup d'huile, et cependant nous ne connaissons en France aucun établissement consacré à cette extraction. Les pepins de raisin paraissent donc absolument perdus; cependant en Piémont, dans l'Italie, le Levant, etc., cette exploitation a lieu, puisque cette huile est employée.

A Bergame, depuis.	66 ans.
A Rome et dans les environs d'Ancône, depuis.	1782
A Naples, Castellamare et Resina, depuis.	1818
En Allemagne, depuis.	1787

En France, divers essais ont été faits sur l'extraction de cette huile; l'on nous a même assuré qu'on avait vu, en 1800, un moulin d'huile de pepins de raisin établi à Alby de temps immémorial.

Cette fabrication avait paru d'une haute importance, puisque la Société économique de Berne,

qui s'en était occupée, avait publié un mémoire
fort intéressant sur ce sujet en 1782.

Un an auparavant, la Société Géorgique de
Rome avait fait imprimer un travail très curieux,
ayant pour titre : *Memoria sulla maniera di estrarre
l'olio dai vinaccioli dalle granella dell' uva*, in-8°,
avec fig., Rome, 1778; ou *Mémoire sur la manière
d'extraire l'huile des pepins de raisin*, etc.

En 1791, on commença à se livrer à de nouveaux
essais sur divers points de la France, et même à
Paris, ainsi qu'on le voit dans la feuille du *Cultivateur*, de la même année; ces essais furent très
satisfaisans. Depuis, plusieurs personnes s'en sont
occupées et ont obtenu des résultats heureux.

M. Batilliat (Compte-rendu des travaux de la
Société des sciences et arts de Mâcon, 1813) a retiré du marc de raisin, de huit tonneaux qu'il
passa au crible, deux tonneaux de pepins qui lui
donnèrent 16 kilogrammes d'huile.

M. Rougier de la Bergerie obtint des résultats
encore plus avantageux.

En 1823, M. Boudrey, de Molesme, retira du
marc de huit feuillettes de vin, 3 hectolitres de pepins, qui produisirent 30 litres d'huile, ce qui fait
10 pour 100.

En 1824, M. Bouchotte, distillateur à Clermont-
Tonnerre, parvint à extraire de 30 livres de pepins, 3 litres d'huile, ce qui fait plus de 18 p. 100;
il est vrai qu'en 1824 la maturité des raisins était
plus parfaite qu'en 1823. M. Bouchotte s'est aperçu
que le marc, d'où l'on avait extrait les pepins de
raisin, donnait, par la distillation, une eau-de-
vie qui lui a paru meilleure.

L'huile de pepins de raisin a besoin, il est vrai,
d'être dépurée : 100 livres se réduisent à 75, plus
25 livres d'un marc qui peut servir à la fabrication du savon. Cette huile, pour l'éclairage, l'emporte sur celle de noix, et rivalise avec celle d'o-

live, tant par sa vive lumière que parce, qu'elle ne
répand ni odeur ni fumée. Tels sont les motifs qui
nous ont paru propres à la présenter à l'attention
des agronomes, avec d'autant plus de raison que
les pepins de raisin sont perdus pour eux.

Dans le midi de la France il y a des propriétaires qui récoltent jusqu'à quinze cents muids de
vin de 48 veltes. Le marc de chaque muid de vin
produit, terme moyen, 60 livres de pepins, lesquels
peuvent donner depuis 6 jusqu'à 10 livres d'huile,
sans cependant renoncer à la vente du marc, soit
pour l'eau-de-vie, soit pour la fabrication du *vert-de-
gris*. Or, un propriétaire qui récolte quinze cents
muids de vin peut extraire des pepins de ses raisins
depuis 90 jusqu'à 150 quintaux d'huile, et appliquer le résidu des pepins au chauffage. Il est aisé de
juger, d'après ce fait, de l'énorme quantité d'huile
qu'on perd annuellement dans les pays de vignobles.

Extraction. Le procédé qui est usité en Italie,
consiste à moudre les pepins de raisin, ainsi que
nous l'avons déjà dit, ou bien à les broyer sous une
meule verticale semblable à celle des tanneries,
des moulins d'huile d'olive, etc., en ayant soin
de jeter de temps en temps un peu d'eau chaude
sur la poudre, pour éviter l'empâtement de la
meule, et en broyant bien fin ces pepins; car la
quantité d'huile que l'on en extrait est en raison
directe de cette finesse. On place alors cette poudre dans une chaudière en cuivre, et on y ajoute
peu à peu du quart au tiers de son poids d'eau à 50°,
que l'on y incorpore de manière à ce que la pâte
soit sans grumeaux. On allume alors le fourneau,
et on la chauffe à une douce chaleur, que l'on entretient jusqu'à ce qu'on s'aperçoive qu'en pressant cette pâte dans la main il en suinte un peu
d'huile entre les doigts : c'est alors le point de
cuite. On doit bien faire attention de remuer
constamment la pâte dans la chaudière, et de ne

pas donner un coup de feu trop fort, parce que l'huile contracterait un goût d'empyreume. Cette pâte est alors placée dans de grandes toiles faites avec du crin et du chanvre, qu'on serre au moyen de sangles, après quoi elle est soumise à l'action d'un pressoir à coings. Lorsqu'il n'en sort plus rien, on porte le résidu sous la meule, et on renouvelle cette même opération. Par ce moyen on extrait de 100 livres de pepins depuis 12 jusqu'à 20 livres d'huile. Si l'on voulait tenter cette exploitation en France, il serait peut-être plus avantageux d'employer le traitement par la vapeur, tel qu'on le pratique en Angleterre pour les graines oléagineuses.

Je vais maintenant faire connaître la cause de cette variation dans le produit.

1°. Les pepins des raisins blancs sont moins riches en huile que ceux des raisins noirs.

2°. Les pepins frais en fournissent beaucoup plus que les vieux. J'en ai examiné qui m'avaient été remis par M. Faure, fabricant de *vert-de-gris* à Narbonne, et qui avaient plus d'un an : je n'ai pu en extraire que 8 pour 100 d'huile.

3°. Les pepins de raisin d'une vigne dans sa plus grande vigueur donnent beaucoup plus d'huile que ceux d'une vieille vigne, et ceux de celle-ci un peu plus que ceux d'une jeune.

4°. Les pepins des vignes du Roussillon, de l'Aude et de l'Hérault, donnent 2 pour 100 de plus que ceux des vignes de Bordeaux.

Relativement aux espèces de raisin, plusieurs expériences m'ont démontré que la quantité d'huile qui en provenait était relative à chaque espèce : ainsi j'en ai retiré de cent parties de

Raisins noirs.

Grenache, *vitis acino nigro subrotundo subaustero.* 0,185

Caragnane, *vitis acino oblongo, subnigro, dulcis et molli*. 0,184
Piquepoüil noir, *vitis pergulana, uvá peramplá, acino oblongo, duro et nigro*, ... 0,178
Terret, *vitis uvá peramplá, acino rotundo, nigro, dulco, acido*. 0,165

Raisins blancs.

Piquepouil gris, *vitis acinis minoribus, dulcibus et griseis*. 0,162
Muscat, *vitis acinis albis, dulcissimis*. 0,155
Muscat romain, *vitis pergulana, acinis majoribus, oblongis, duris et acuminatis.* 0,150
Panse, *vitis uvá peramplá, acino rotundo, subalbido, dulcior*: c'est l'espèce avec laquelle on prépare les raisins secs. 0,135
Blanquette, ou clarette, *vitis serotina, acinis minoribus, acutis flavo albido, dulcissimis.* 0,135
Ugnos, *vitis acino rotundo, albido, flavo, dulco.* 0,114

Les raisins, sur les pepins desquels les expériences ont été faites, proviennent du Roussillon et de Narbonne. Les plants des vignes de ces localités sont la caragnane, la grenache, le piquepouil noir et gris, le ribairenc, le terret et la blanquette. Les autres espèces sont beaucoup plus rares.

L'huile des pepins de raisin est d'un jaune doré, quand elle est extraite des pepins récens; elle est brunâtre et a un goût âcre s'ils sont vieux. Dans le premier cas, elle est douce et presque inodore, si elle a été extraite à froid; si l'on a recours à la chaleur, elle conserve une légère saveur acerbe, qu'on lui enlève en l'agitant avec deux centièmes de son poids d'acide sulfurique, et la battant ensuite avec le double de son poids d'eau. Cette huile brûle avec une flamme claire et sans odeur ni fumée; elle ne se fige qu'au-dessous de 0. Exposée à l'action de l'air, elle rancit, devient très poisseuse, acquiert une couleur brunâtre, et prend une consistance égale à celle de la térébenthine épaisse ; elle se saponifie très bien avec les alcalis. Trois livres, ainsi traitées, m'ont donné 5 livres 4 onces de savon, dont le poids s'est réduit, au bout de trois mois, à 4 livres 10 onces. Ce savon est d'un gris jaunâtre, beaucoup plus mou que celui avec l'huile d'olive, et n'en acquérant jamais la densité.

De ces divers faits, je crois pouvoir conclure qu'il serait avantageux d'extraire l'huile des pepins de raisin, laquelle pourrait être très utilement employée, tant pour l'éclairage que pour les arts.

Huile de raifort de la Chine.

Toutes les semences de la famille des crucifères sont susceptibles de donner des huiles ; l'une, qui est volatile, se trouve contenue dans les enveloppes de la graine, et l'autre, qui est douce, dans les cotylédons. Tous les raiforts sont donc susceptibles d'en produire ; mais il est une espèce qui a fixé plus particulièrement l'attention des cultivateurs, c'est le *raphanus sinensis*, *raifort de la Chine*, dont M. de Grandi a introduit la culture en Italie vers 1790 : cette semence donne beaucoup d'huile ; des expériences faites à Venise, démontrent que cette huile est excellente, tant pour la cuisine que pour l'éclairage.

Le docteur F. di Oliviero dit qu'elle est très bonne pour combattre les affections rhumatismales et pulmonaires, ainsi que les pleurésies et les toux convulsives.

Cette plante ne craint point les plus fortes gelées ; on la sème en septembre, en mai et en juin ; son huile s'altère difficilement : on la prépare comme celle des autres semences oléagineuses.

Le radis réclame une place dans la grande culture ; en Flandre il porte le nom de rave, et la rave longue porte celui de radis ; c'est l'inverse de Paris : il est reconnu que le grand raifort donne une huile excellente pour l'éclairage.

Huile de ricin, ricinus communis, L.

Le ricin, connu aussi sous le nom de *palma-christi*, est une plante originaire d'Amérique, qu'on trouve maintenant, comme plante d'agrément, dans tous les jardins de l'Europe. Dans quelques contrées de l'Espagne, telles que l'Andalousie, Barcelone, elle s'élève à une grande hauteur et y vit plusieurs années, tandis qu'elle est annuelle en France. Le ricin a d'abord été cultivé en grand dans la Hollande et l'Italie, et, depuis une vingtaine d'années, dans quelques parties du midi de la France, notamment dans les environs de Nîmes. M. Limouzin-Lamotte l'a cultivée aussi dans le département de la Haute-Garonne, et les pieds de cette plante se sont élevés, dans ce sol, jusqu'à plusieurs mètres de hauteur.

Le ricin se sème en France vers le commencement de mars, dans les bonnes terres un peu humides, de la même manière que le maïs, mais les semences à une plus grande distance les unes des autres. Si la terre est bonne et que la plante puisse bien se développer, elle acquiert une grosseur telle, que l'auteur précité en a vu égaler en volume des arbres qui auraient six fois plus d'âge, et donner jusqu'à 3 livres de graines. Cette plante doit être sarclée, quand elle a trois ou quatre feuilles ; si les pieds sont trop épais on les éclaircit. On doit le chausser comme le maïs, et réitérer cette opération, s'il en est besoin, jusqu'à ce que le premier épi se soit développé. Le ricin produit de neuf à dix épis ou grappes ; ils sont d'autant plus longs et plus garnis que la terre est meilleure ; ces épis sont formés par des capsules à trois étages qui renferment chacune une semence de la grosseur d'un haricot moyen. D'après un calcul approximatif qui en a été fait, le produit de chaque semence est, terme moyen, de 8 à 900 pour 1 : ces semences épluchées fournissent plus de la moitié de leur poids d'huile.

La culture du ricin offre un autre avantage, c'est qu'on peut semer, entre les pieds des plantes, des haricots, des pois ou du maïs.

Préparation de l'huile de ricin par le procédé de M. Planche.

Cet habile pharmacien prépare en grand cette huile de la manière suivante. Après avoir criblé les semences de ricin, et les avoir mondées à la main, il les met dans un vase, dans lequel il verse ensuite de l'eau chaude pour les laver; il fait couler ensuite cette eau, qui est fortement colorée, et renouvelle ces lotions jusqu'à ce que le liquide sorte incolore. Après que ces semences ont été agitées sur un tamis, il les fait réduire en pâte très fine dans un mortier de marbre, et en forme une émulsion en y ajoutant suffisante quantité d'eau froide; après quelques minutes de repos, il décante cette émulsion et lave le résidu avec de nouvelle eau froide, et ajoute cette émulsion à la première; il les passe ensuite à travers un tamis de crin très fin, les verse dans une bassine d'argent et les porte à l'ébullition; au bout d'un quart d'heure il se rassemble à la surface une substance huileuse épaisse, qu'il enlève soigneusement. M. Planche fait ensuite bouillir cette huile dans une bassine d'argent jusqu'à ce que le mucilage, coercé par la chaleur, oblige l'huile à l'abandonner; lorsqu'elle est ainsi privée de toute humidité, il la verse sur un linge fin, à travers lequel elle passe claire, blanche et très douce.

Procédé de M. Faguer.

L'on sait que les procédés d'extraction de l'huile de ricin peuvent avoir lieu par simple expression, par l'ébullition dans l'eau ou par celle de l'ébullition de l'émulsion. M. Faguer a proposé une autre méthode basée sur la propriété dont jouit l'alcool de dissoudre l'huile de ricin et d'en séparer le mucilage. En conséquence, il réduit en pâte les semences de ricin, mondées de leurs enveloppes, et ajoute à cette pâte quatre onces d'alcool par livre; il soumet ensuite le mélange à la presse entre des coutils, retire, par la distillation, la moitié de l'alcool employé, et lave ensuite à plusieurs eaux l'huile résidu de cette distillation, afin de séparer le reste de l'alcool. L'huile étant séparée de l'eau, il en dégage l'humidité en la plaçant sur un feu doux, et il la filtre ensuite dans une étuve chauffée à 30°.

Cette huile, ainsi obtenue, est très belle et très douce; si on ne sépare pas les enveloppes de la semence, elle est un peu colorée; quoique ayant cependant la même saveur. M. Faguer a retiré, d'une livre de semence mondée, 10 onces d'huile, et de celle non mondée, 7; M. Henry en a même obtenu des quantités plus grandes, par le même moyen qui, d'après cela, paraît donner beaucoup plus d'huile que les anciens procédés.

Huile de tournesol.

Le *tournesol* ou *soleil* est désigné par les botanistes sous le nom d'*helianthus annuus*. On cultive cette plante dans nos jardins; il serait très facile de la ranger dans la grande culture : sa tige s'élève jusqu'à 8 pieds de hauteur; elle est forte, et, vers le milieu, elle se divise en rameaux qu'accompagnent de larges feuilles lancéolées et couvertes de poils.

Les fleurs ressemblent au disque du soleil; elles ont quelquefois jusqu'à un pied et demi de circonférence; elles sont situées à l'extrémité des rameaux et de la tige principale; celle qui est au bout de celle-ci est plus grosse et plus élevée; toutes s'inclinent vers le sud et portent un grand nombre de semences qui succèdent aux fleurons, et qui sont déposées sur le réceptacle commun. Ces semences sont très blanches et recouvertes d'une enveloppe dure et d'un noir luisant : dépouillées de cette enveloppe et réduites en pâte, elles donnent plus de 40 pour 100 d'une huile blanche et douce, qui se rapproche beaucoup de celle de citrouille.

Résumé sur l'huile des graines oléagineuses.

Quoique toutes les substances que nous venons d'énumérer soient de nature oléagineuse, cependant on est convenu de donner plus particulièrement le nom de *graines oléagineuses* à de petites semences dicotylédones, desquelles on extrait une huile douce par la trituration et par l'expression. Le nombre de ces graines est infini, et comprend toutes celles des choux, des navets, des raiforts, des moutardes, des myagres, des pavots, des pepins de raisin, etc., etc. Il serait aussi long que fastidieux d'énumérer les diverses semences oléagineuses; nous nous bornerons à dire que la famille des crucifères est celle qui en fournit le plus.

Nous avons déjà fait connaître que l'huile d'olive est la seule huile douce qu'on trouve dans nos climats dans la drupe du fruit. Celle des graines oléagineuses n'existe que dans les cotylédones des semences, et nul exemple n'a encore démontré qu'aucune graine monocotylédone en contînt. L'huile douce, car les graines en contiennent souvent une de volatile qui est unie à leur enveloppe,

comme dans les moutardes, les raiforts, etc.;
l'huile douce, dis-je, se trouve dans ces semences
avec de la fécule et une espèce de mucilage qui les
rend miscibles à l'eau, en lui communiquant cet
aspect laiteux qu'on nomme *émulsion*. A la page 3
et suivantes, nous avons exposé les propriétés
physiques et chimiques des huiles en général ;
nous y renvoyons nos lecteurs : nous nous conten-
terons de dire que celles qu'on extrait des graines
oléagineuses offrent quelques nuances dans leurs
propriétés, que nous avons fait connaître lorsque
nous nous en sommes occupé partiellement. Comme
leur mode de préparation est, à peu de chose près,
identique, on pourra faire, à celles que nous avons
passées sous silence, comme étant d'un moindre
intérêt, les mêmes applications qu'à celles dont
nous avons parlé de préférence, tant à cause de
leur utilité que de la plus grande quantité qu'on
peut en fabriquer.

Plusieurs huiles des semences oléagineuses, bien
préparées, peuvent être employées comme alimens;
les autres sont appliquées à l'éclairage, à la fabrication des savons mous et dans les arts. C'est principalement dans les départemens du nord de la
France qu'on les prépare, et c'est, pour ces pays,
une branche importante d'agriculture et d'industrie.

Préparation des huiles des graines.

La préparation de l'huile extraite des graines
peut s'opérer de diverses manières, suivant qu'on
fait l'opération en grand ou en petit. Dans le dernier cas il suffit de les piler et de les soumettre à
l'action d'une bonne presse. Il n'en est pas de même
lorsqu'on les prépare en grand, car on doit alors
s'attacher à retirer le plus de produit possible,
avec le moins de temps et le plus d'économie.

en s'attachant, en même temps, à améliorer la qualité du produit. Il est plusieurs circonstances, ou mieux conditions, dont les unes favorisent et les autres sont indispensables pour opérer fruc-tueusement cette extraction : nous allons en pré-senter les principales :

1°. Le *broiement*. Cette opération s'opère par le pilon, par les cylindres ou par la meule du moulin à huile dit *tordoir*. Il est aisé de voir que plus les graines oléagineuses seront réduites en poudre ou en pâte fine, plus il sera facile d'en extraire l'huile, attendu la rupture de la cloison qui la retient. M. Ecouchart, de Dôle, a cherché à se passer de ces moyens en appliquant aux graines oléagineuses la vapeur de l'eau bouillante; nous parlerons de son procédé. Nous ajouterons ici que, comme les tordoirs ne sont pas toujours mus pas l'eau, mais plus souvent par le vent, surtout dans le départe-ment du Nord, ainsi que nous aurons occassion de le voir, on pourrait les faire mouvoir par la vapeur quand le vent cesse de souffler.

2°. Le *calorique*. Il est plusieurs graines oléagi-neuses, comme celle de lin, etc., qui contiennent une si grande quantité de mucilage, qu'une torré-faction préliminaire est indispensable pour faciliter l'extraction de leur huile. Dans ce cas on doit faire attention à ménager bien le feu afin de ne pas brûler les graines. Cette torréfaction doit être conduite par une main exercée, car pour peu qu'elle ait dépassé le point, l'huile acquiert de mauvaises qualités.

3°. L'*eau bouillante* ou *la vapeur d'eau*. Il est des graines qui se réduisent en une poudre sèche, et d'où l'on ne parviendrait que difficilement à ex-traire l'huile sans l'addition de l'eau bouillante et sans les faire chauffer un peu avec le même liquide : l'huile des pepins de raisin nous en offre un exemple. En général, les graines oléagineuses réduites en pâte, au moyen d'un peu d'eau chaude, et chauffées avec ménagement, donnent beaucoup plus aisément leur huile. Sous ce point de vue la méthode de M. Ecouchart nous paraît réunir ces avantages.

4°. *L'expression.* Il est aisé de voir que l'huile étant logée entre les cellules des végétaux, on la fera sortir d'autant plus vite et en quantité d'autant plus grande qu'on exerce sur elle une plus grande compression, d'où dérive cette conséquence qu'un excellent pressoir influe singulièrement sur les produits de ces opérations. On pourrait appliquer ceux que nous avons indiqués pour la fabrication de l'huile d'olive, ou bien ceux qui sont mus par la vapeur; nous ferons connaître bientôt ceux pour lesquels MM. Hallette Deminal père et fils à Lille, et Hallette fils à Blangy-les-Arras, ont obtenu des brevets d'invention et de perfectionnement.

D'après cet exposé il sera facile de concevoir la fabrication des huiles des graines oléagineuses. En effet, après qu'on les a choisies, bien mûres, saines, récentes et de bonne qualité, on les laisse bien sécher afin de ne pas empâter trop la meule. On les porte alors au moulin ou tordoir, et on en forme ensuite une pâte avec un peu d'eau chaude que l'on soumet à l'action d'une bonne presse, après avoir enfermé cette pâte dans des cabas ou dans des toiles. Nous ne décrirons point ici la forme des moulins à huile anciens ni des pressoirs; ils sont trop connus dans les lieux où l'on fabrique ces huiles. Nous avons pensé qu'il valait mieux faire connaître les perfectionnemens ou les inventions que l'on a présentées sur le même sujet, c'est le meilleur moyen d'être utile et d'intéresser; nous nous bornerons donc à présenter, dans trois tableaux, l'état des tordoirs dans les divers arrondissemens du département du Nord, leur exploitation, et l'état des dépenses.

Etat des tordoirs ou moulins à huile de divers arrondis-
semens du département du Nord.

NOMS des ARRONDISSEMENS.	NOMBRE DE TORDOIRS MUS	
	par le vent.	par l'eau.
de Bergues........	22	0
d'Hazebrouck.......	44	2
de Lille..........	264	3
de Cambrai.......	25	8
d'Avesnes.........	1	1
de Douai.........	56	13
TOTAL.......	412	27
Ensemble.......	27	
	439	

Il est bon de faire observer, 1º. que les tordoirs de
Lille sont en activité toute l'année et tant qu'il fait du
vent; 2º. que les tordoirs à eau font le double d'ouvrage que les tordoirs à vent; 3º. qu'il existe aussi,
dans les mêmes arrondissemens, des tordoirs mus par
des chevaux, et dont les produits servent à la consommation locale; 4º. que les tordoirs à eau font partie
d'usines ou moulins à farine. Il est à désirer, pour la
prospérité de la fabrication de ces huiles, qu'on y
fasse l'application des systèmes à la vapeur aux tordoirs à vent; par ce double moyen on les mettrait en
action toute l'année.

Tableau de l'exploitation des moulins à huile du département du Nord.

Arrondissemens.	NOMBRE de tordoirs.	QUANTITÉS D'HECTOLITRES FABRIQUÉS EN HUILES DE				
		colza.	œillette.	lin.	caméline.	chenevis.
Bergues......	22	1359	.....	1941	.....	.....
Hazebrouck....	46	3180	.....	4620	.....	.....
Lille.........	267	45200	27000	16200	10800	10800
Cambrai......	33	2376	1584	.....	.....	.....
Avesnes......	2	120	80	.....	.....	.....
Donai........	69	6560	4100	2460	1640	1640
Totaux.......	439	58795	32764	25221	12440	12440

Récapitulation du produit des moulins ou tordoirs.

DÉSIGNATION.	quantités.	valeur d'un hectolitre.	valeur de cent tourteaux.	valeur totale.
	hectolitres.			
Huiles de colza.........	58,795	85		4,997,575
œillette.........	32,764	96		3,145,344
lin...............	25,221	104		2,622,984
caméline.........	12,440	92		1,144,280
chenevis.........	12,440	87		1,082,280
	tourteaux.			
Tourteaux de colza.........	764,3350		12 fr. 50 c.	917,202
œillette.........	524,2240		10	524,224
caméline.........	199,0400		10 50	208,992
chenevis.........	398,0800		10 50	417,984
	kilogram.		les 100 kil.	
lin...............	456,5000		18	821,700
TOTAL...............				15,882,761

Etat des dépenses.

OBJETS DES DÉPENSES.	quantité.	valeur.
Graines de { colza............	264,577 hect. 50	4,799,435 f. 85 c.
œillette............	169,717 52	3,090,556 4
lin............	163,936 50	2,950,857
caméline............	75,137 60	1,118,047
chenevis............	123,529 20	1,235,292
Salaire des ouvriers (a)............	....	398,449 16
Feu, lumière, étrindels, malfils, fil d'Anvers, vieux oing.	....	175,075
Futailles............	....	495,810
Loyer, impositions, entretien des tordoirs et des bâtimens	....	582,200
TOTAL............	....	14,845,722 f. 05

Balance.

Produit de la fabrication............ 15,882,765 05

Dépense............ 14,845,722 05

Bénéfice........ 1,037,042 95

(a) Le salaire moyen des ouvriers a été évalué par M. Dieudonné, à 50 centimes par hectolitre de graines converties en huile.

Pour rendre notre travail plus complet, nous avions réclamé des renseignemens dans les départemens où la fabrication des huiles est une des branches principales de l'industrie ; nous allons transcrire ceux que nous devons à M. Feneulle de Cambrai, dont le nom se rattache à plus d'une découverte chimique.

Extraction des huiles de lin, de colza, d'œillette, de caméline, de chanvre, dans le département du Nord.

Les huiles que l'on fabrique dans nos contrées, sont principalement celles de *lin*, de *caméline*, de *colza* et d'*œillette*. Sur quelques points du département, on s'occupe aussi de l'extraction de celle de *chanvre* ; ces fabrications s'exécutent à l'aide de moulins à vent, et, lorsque les localités le permettent, de moulins à eau ; enfin, depuis quelques années, on compte plusieurs établissemens dans lesquels on emploie la vapeur. Ces divers moulins sont connus sous le nom de *tordoirs*, et les ouvriers sous celui de *tordeurs*.

On fait usage de deux sortes de moulins à vent ; les uns sont bâtis en bois, les autres sont en pierre ; dans les premiers, les graines sont écrasées à moitié à l'aide d'espèces de pilons de bois au nombre de cinq, dont le bout est recouvert d'une armure de fonte, qui tombent dans des mortiers de même nature, encastrés dans une forte pièce de bois. (1)

Après cette opération, pendant laquelle on ajoute quelquefois un peu d'eau, lorsque les graines sont trop sèches, la poudre pâteuse que l'on obtient, est soumise à l'action de la chaleur sur

_____

(1) On donne à ces pilons le nom d'*étampes*.

une plaque de fer entourée d'un cercle mobile de
même métal. L'appareil se nomme *payelle* ou *poêle*;
on se sert d'un feu clair de bois ou de charbon
de terre; une lame de fer horizontale, placée près
du four de la *payelle*, attachée par son milieu à une
tige adaptée au système, remue la graine et l'empêche de s'altérer. La température que l'on fait
éprouver aux graines, varie selon leur nature;
celles de colza sont chauffées plus que toutes les
autres; celles d'œillette, destinées aux usages de
la table, à la première pression, ne le sont pas du
tout; ce n'est qu'au *rebas* qu'elles subissent cette
opération. Les ouvriers, habitués à ces manipula-
tions, ne se trompent jamais, la main leur sert
d'indice; on estime que la chaleur, que les semences éprouvent dans cette circonstance, est de 45 à
60° centig.; quoi qu'il en soit, on sent combien
est vicieux le mode que nous venons d'examiner;
aussi dans les usines, où l'on emploie la machine à
feu, les graines ne sont chauffées que par la vapeur, comme nous le dirons plus bas. Cette importante amélioration date de peu de temps.

Après avoir été chauffées, les graines sont ver-
sées dans des sachets de laine croisée que l'on
nomme *malfil*; à l'aide de la main, on distribue
également la poudre, on reploie l'ouverture du
sachet sur elle-même, et on le place sur une étoffe (1) de crin façonnée en bandes, à côtes saillantes, qui enveloppe tout le sachet, et on soumet à
l'action de la presse. Les tourteaux, qui en résultent,
pèsent environ 8 kilogr.; cette première pression
porte le nom de froissage.

La presse dont on fait principalement usage
est celle dite à coin; elle se compose d'un bloc de
bois, long de onze pieds, placé horizontalement,

_____

(1) Cette étoffe se nomme étrindelle.

solidement fixé sur deux pièces en bois par le bas
et par un fort bâtis par le haut ; on a creusé deux
parties distinctes, d'une forme un peu conique,
dont une partie est garnie en tôle, toutes deux
égales en longueur et largeur, 32 pouces de long
et 7 de large. Deux forts boulons en fer traversent dans la largeur chaque partie ; deux pièces
de bois que l'on appelle *fourneaux*, s'appuient sur
ces boulons. Lorsque l'on veut opérer, on place un
sachet (1) avec une *étrindelle*, un *fourneau*, une
planche conique (*wande*), et une autre pièce en
bois (*la clef*), ensuite le *coin* ; vient encore une
wande, un *fourneau* et le *sachet* ; c'est ce qui compose la première partie de la presse ; un parallélé-
pipède en bois, sorte de pilon (*l'aye*), enfonce le
coin, et lorsque celui-ci est arrivé au bout de sa
course, un autre parallélipipède, semblable au premier (*la fausse aye*), tombe sur la *clef*, qui est plus
élevée que le *coin* de cinq à six pouces, et desserre
la presse.

L'huile est reçue dans un réservoir placé au-
dessous du moulin où on la met en tonne ; les deux
fourneaux, la *clef*, les *wandes* et le *coin*, en style
de tordeurs, portent le nom d'*harnard* ; une presse
compte deux *harnards*.

La deuxième partie de la presse est en tout
semblable à celle dont nous venons de donner la
description ; elle sert à obtenir une seconde pression ; la manipulation en est la même ; l'opération
se nomme le rebas ; les étrindelles que l'on y emploie sont plus petites que dans la première ; les
tourteaux que l'on retire ont 14 pouces de long,
5 lignes d'épaisseur ; ils sont à côtes, ont environ
6 pouces de large vers le milieu, et leur forme est

---

(1) Le sachet est appuyé contre une plaque en fer, qui
empêche l'imbibition de l'huile par le bois ; on donne à
cette plaque le nom de *pamelle*.

conique ; ce sont ceux que l'on livre au commerce.
Le froissage terminé, les graines contiennent encore une grande quantité d'huile ; on reporte les
tourteaux, que l'on brise sous les pilons, ensuite
dans la payelle, et enfin à la presse on finit le
rebas. (1)

La plupart des moulins à vent, bâtis en briques,
travaillent d'après le mode dont nous venons de
parler. Dans un certain nombre, on a remplacé les
pilons par deux meules verticales en pierre dure,
ordinairement en marbre noir qui abonde sur
quelques points du département, tournant sur
elles-mêmes, sur une autre fixe (le bassin), placée horizontalement : une tringle en bois ramène
continuellement les graines sous les meules. On
trouve qu'à l'aide des meules on obtient des produits plus soignés, plus abondans, et que le travail se fait plus vite.

Dans les moulins à eau, la division des graines
s'exécute soit à l'aide des pilons, soit au moyen
des meules. Dans quelques uns, au lieu de chauffer
les graines à feu nu, avant la pression, elles sont
chauffées par la vapeur.

Nous avons dit plus haut que, depuis quelques
années, on comptait plusieurs usines à huile, où
l'on employait la force motrice de la vapeur pour
la fabrication. Nous en avons visité une à Valen-
ciennes, construite par les soins de M. *Hallette*,
habile mécanicien à Arras, dans laquelle la machine à feu, de la force de huit chevaux et de trois
atmosphères et demie de pression, fait mouvoir deux
paires de meules, deux cylindres pour préparer la
graine, une presse dite *muette*, qui sert au froissage, deux presses hydrauliques d'un grand effet,

---

(1) Les semences de *chanvre* ne sont soumises en général qu'à une seule pression.

perfectionnées par M. Hallette pour le *rebas* (1), et quelques accessoires. Voici le procédé général que l'on emploie, procédé qui rentre dans celui dont nous avons déjà parlé.

Les grosses graines, comme celles de *chanvre*, de *colza*, etc., tombent d'une trémie sur deux cylindres de fonte tournant sur eux-mêmes, où elles éprouvent une division préparatoire. On les porte ensuite sous les meules, ainsi que les petites, auxquelles on ne fait pas subir la première opération ; on ajoute de l'eau si l'état de siccité de la graine l'exige. Lorsque la poudre est suffisamment fine, on la chauffe à la vapeur dans un vase en fonte, à double enveloppe, de forme légèrement conique, qui communique à la chaudière et à la machine à l'aide d'un tuyau. Un robinet placé à la base du vase sert à se débarrasser de l'eau condensée ; un autre robinet disposé sur le tuyau, sert au contraire à l'introduction de la vapeur. Une tige de fer, dont la base est en spirale, tournant continuellement sur elle-même, permet à la graine de s'échauffer également. Une porte pratiquée sur un des côtés de ce chauffoir, aide l'ouvrier à retirer la graine pour la mettre en sac. C'est alors que l'on fait usage de la presse muette, dans laquelle on place deux étrindelles ; une noix que l'on voit dans la figure, faisant un quart de tour de chaque côté, détermine la pression.

On reporte de nouveau le tourteau sous les meules ; on chauffe et on termine le *rebas* par la presse hydraulique.

Le procédé employé pour l'épuration des huiles de colza, et que l'on pratique ici en grand, est

---

(1) M. Hallette a pris un brevet de perfectionnement pour sa presse hydraulique. Il a reçu une récompense de la Société d'Encouragement, qui a fait insérer dans ses mémoires les détails de sa presse.

connu depuis long-temps ; celui dont quelques personnes font usage pour l'huile d'œillette, quoique
recommandé par plusieurs chimistes, ne l'est point
également. L'huile mélangée à une solution d'alun
et à une portion de gros sablon, est placée dans un
tonneau tournant sur son axe ; on chauffe soit avec
de la vapeur, soit avec de l'eau bouillante, et on
abandonne au repos dans un vase conique. On se
contente aussi quelquefois de l'eau bouillante avec
du sablon; d'autres, de la simple reposition.

Instrumens pour la préparation des huiles des graines.

Meules verticales en pierre dure.

Nous allons décrire les divers instrumens tels
que MM. Berthollet, L'Héritier et Tissot les ont
fait connaître dans leur seconde instruction rédi-
gée au nom de la commission d'agriculture et des
arts du gouvernement. L'on fait usage avec succès,
pour écraser toute sorte de graines, d'une ou de
deux meules verticales de pierre dure (*fig.* 16),
d'un diamètre d'environ 7 pieds, jusqu'à 18 à
20 pouces d'épaisseur. L'axe de ces meules est fixé
à un châssis, qui embrasse un axe vertical tournant sur pivot, et placé au centre d'une forte table
de pierre. Le mouvement de rotation, qu'on lui
communique, imprime à chaque meule deux mou-
vemens.

1°. Le mouvement de rotation sur elles-mêmes.
2°. Celui qu'elles subissent en décrivant un cercle
sur la table de maçonnerie sur laquelle elles roulent.

L'axe de chaque meule doit être ajusté de manière que la meule puisse hausser ou baisser, suivant le besoin.

L'une de ces pierres ou meules est plus rappro-
chée de l'arbre vertical que l'autre, de manière

qu'elles occupent une plus grande étendue sur la table, et écrasent plus de graines. A l'aide de deux ramoneurs qui suivent les meules dans leur mouvement, et conduisent sans cesse les graines sous leur passage, elles sont écrasées dans tous les sens : le ramoneur extérieur est garni d'un chiffon de toile qui frotte contre la bordure au contour de la table, et entraîne le plus de graines qui auraient resté dans l'angle de ce contour. L'opération des meules donne une graine bien écrasée, sans l'échauffer, et par conséquent elle fournit à la presse ou au tordage beaucoup plus d'huile vierge, c'est-à-dire tirée sans feu.

Ces meules verticales sont employées pour l'extraction de l'huile de toutes les semences oléagineuses ; leur emploi serait également très utile pour celle d'olive.

Moulin à huile ou tordoir.

Lorsqu'on a un moteur tel que l'eau et le vent, on en fait usage pour établir des batteries de pilons adaptés à un arbre ou tournant garni de cames.

Une des batteries de pilons, sert à broyer les graines dans des pots ou mortiers de bois, tandis que l'autre est destinée à faire jouer les coins de la presse.

La pièce la plus essentielle d'un tordoir, après l'arbre du premier moteur, est une grosse poutre de bois de hêtre, d'orme ou de chêne, d'environ 12 pieds de longueur sur deux d'équarrissage ; à la distance d'un pied de l'une des extrémités de cette poutre sur la gauche, on a creusé quatre pots ou mortiers, disposés sur une même ligne, et distans l'un de l'autre de 6 à 7 pouces de diamètre.

Les quatre mortiers occupent un espace d'environ 4 pieds½, un peu plus du tiers de la poutre ; le reste de l'arbre à droite est ordinairement la tête de la

culée ; on y a creusé, à deux pieds de distance des
pots, une auge rectangle de deux pieds de long,
13 pieds de large et 14 de profondeur. On nomme
cette auge *la laye;* au fond de la laye, et vers chacune de ses extrémités, on a creusé deux rigoles
pour faciliter l'écoulement de l'huile dans des vases placés au-dessous du massif.

Le reste du bloc, sur la droite, est conservé
dans son entier et dans toute son épaisseur.

Au-dessus du bloc, on a établi deux moises
fixées par leurs extrémités sur les traverses du
bâtis du tordoir.

La première moise est élevée au-dessus du bloc
d'environ 3 pieds, et l'intervalle de celle-ci à la seconde est d'environ 4 pieds ; les deux moises servent
à maintenir et à guider les deux batteries de pilons,
qu'un même arbre, de la roue du premier moteur,
met en jeu, au moyen des cames dont il est muni.

Le nom de *pilon* indique assez sa destination,
celle de piler les graines. C'est une solive de bois
de hêtre d'environ 12 pieds de long, sur 6 à 7 pouces
d'équarrissage dans la partie supérieure qui traverse les moises; la partie inférieure, qui joue dans
les pots ou mortiers, est arrondie sur la longueur
de 18 pouces, et se réduit à un diamètre de 5.
Vers l'extrémité elle est cerclée d'une virole de fer
de 6 lignes d'épaisseur, et de 2 pouces de largeur ;
le bout est ferré de plusieurs clous à grosse tête.

La chute ou portée de chaque pilon est d'environ 18 pouces, mesurés du fond du mortier.

Quand les faînes ou les graines sont convenablement pilées, on arrête l'action du pilon au moyen
d'une corde attachée à l'extrémité d'une sorte de
bascule ou levier à charnière, qui retient le pilon
à l'instant, etc.

Moulins à bras.

Les moulins à huile mus par l'eau ou le vent

sont les plus économiques ; cependant, comme il
en est qui sont mus à force de bras, nous croyons
devoir les faire connaître. Ces moulins se composent :

1°. D'un mortier de bois dur, avec un pilon
qu'on met en mouvement au moyen d'une mani-
velle dont l'axe est un cylindre muni de deux
cames.

2°. D'un bloc en bois contenant la laye et ses accessoires, pour presser deux gâteaux à la fois avec
un seul coin, placé au milieu et dans une disposi-
tion horizontale ; on enfonce le coin avec un maillet
suspendu au plancher, il agit à l'instar du belier.

Ces détails sont extraits de la *Feuille du cultivateur*, tome IV, où l'on t rouve également les planches des instrumens dont nous venons de parler ;
nous avons cru inutile de les reproduire, aimant
mieux exposer ceux qui ont été naguère inventés
ou perfectionnés.

Nous allons donc faire connaître les améliorations apportées dans cette fabrication, par MM. Hallette Deminal père et fils, et Hallette fils.

*Nouveau moyen de mettre en mouvement les
meules d'un tordoir à huile ; par MM. Hallette Deminal père et fils, à Lille. (Brevet
d'invention du 31 décembre 1811.)*

Ces mécaniciens ont obtenu un brevet d'invention de cinq ans qui est inséré dans le tome VI des
descriptions des machines et procédés. Ce moyen
est facile à concevoir par la seule inspection des
figures.

Figure 17. Elévation du système de meules en position pour fonctionner.

Figure 18. Coupe verticale par le centre du système.

A. Meule horizontale fixe.

B. Rebord en bois de la meule A.

C. Les deux meules verticales.

D. Châssis conducteur des meules verticales C.

E. Arbre vertical à pivot, autour duquel le châssis D fait sa rotation; il est rond à l'endroit où il est embrassé par le châssis.

F. Lanterne montée sur son arbre G, et donnant le mouvement qu'elle reçoit du moteur.

H. Double rouet, recevant le mouvement de la lanterne, et le communiquant aux meules verticales.

I. Les deux axes en fer des meules verticales fixées au châssis D.

J. Pièce de bois barrée, percée à son centre d'un trou qui reçoit l'axe I; à chaque extrémité de cette pièce de bois, qui fait partie de l'axe des meules verticales, est un collet en cuivre K pour empêcher l'usure.

L. Support de l'arbre G de la lanterne.

M. Sommier portant la crapaudine en cuivre N, qui reçoit le pivot supérieur de l'arbre vertical E.

O, *Figure* 17. Guide qui ramène la graine sous les meules verticales.

P, *Figure* 18. Trappe par laquelle on retire la graine écrasée.

Certificat d'addition.

Nous allons donner la description d'une presse à coin, de forme ordinaire, à laquelle ces mécaniciens ont adapté leurs nouveaux moyens; elle tend à diminuer le poids du fardeau et à améliorer les produits. *Fig.* 19.

a, Bloc en bois d'orme ou de noyer, garni de ferrures nécessaires pour le faire résister à l'effet de la percussion. Sur le centre de ce bloc est pratiqué un trou ou mortaise, où se fait la pression par les pièces de bois *b*, au moyen du coin *c*.

d, Pièce de bois disposée d'une manière contraire au coin *c* et servant à desserrer la presse.

e, Montant de la charpente qui maintient les hies *h*.

f, Deux châssis formés chacun de deux pièces de bois fixées sur les montans *e*, à 7 pouces de distance l'un de l'autre, au moyen des boulons d'assemblage *g* portant écrous.

h, Deux hies ou moutons, percés chacun d'une mortaise de trois pieds de long, dans laquelle est un rouleau de fer *i*, traversé par un axe. Ce rouleau, mobile sur son axe, est destiné à résister à la pression de la came en fer *j*, fixée sur l'arbre moteur *k*; chacune de ces hies glisse entre huit rouleaux *l*, en bois, dont quatre sont ajustés au châssis de haut, et quatre à celui du bas; ce qui exige pour la manœuvre des deux hies, seize rouleaux, dont huit sont compris entre les deux pièces de bois qui forment le châssis *f*, quatre au châssis supérieur et quatre à l'inférieur. Les huit autres sont placés au-dessus desdites pièces de bois et soutenus par des supports en fonte *m*.

n, Boîtes formées de deux planches en bois, assemblées à clavettes, renfermant le ressort à boudin *o*, et la tige cylindrique de la hie qui le traverse; ce ressort est fait avec une verge d'acier de huit lignes sur trois; sa force est de deux cents livres au moins; lorsque la came élève la hie, il se reploie sur lui-même, et aussitôt qu'elle est sortie de la mortaise, ce ressort n'éprouvant plus de résistance, s'allonge brusquement et précipite la hie qui déjà, par son propre poids, tend constamment à tomber.

p, Deux traverses d'assemblage.

La came *j* décrit à son extrémité un cercle de trois pieds de diamètre; elle occupe par son inclinaison le tiers d'un cercle de même rayon qu'elle.

Figure 20. Élévation de ce système de meules, perfectionné.

Ce perfectionnement consiste à ne faire courir qu'une seule meule verticale A, sur chaque meule horizontale B : pour cela le châssis C, conducteur de la meule verticale, est garni intérieurement de roulettes en fer, ajustées horizontalement dans les traverses et les côtés des châssis, et frottant contre un collier en fer ajusté sur l'arbre vertical D, ce qui adoucit le frottement. Sur le même arbre vertical D est encore ajusté un plateau en fer E, sur lequel se promènent deux roulettes F, dont les écharpes sont fixées au châssis C qu'elles soutiennent. Toutes les autres parties de ce système de meules étant disposées de la même manière que dans leur premier système, nous n'en donnerons pas l'explication.

La meule verticale, disposée comme nous venons de le voir, parcourt, dans un même temps, un chemin double de celui parcouru par les deux meules réunies, et fait, par conséquent, autant de besogne que ces deux dernières. Les deux meules réunies ne peuvent avoir une célérité plus grande que la moitié de celle qui est seule, par la raison que deux meules ne sont jamais d'un diamètre et d'un écartement toujours égal, ce qui produit des frottemens qui ralentissent leur marche.

Les meules doubles, montées d'après les *fig.* 17 et 18, sont plus de moitié moins pesantes que celles montées comme on le fait ordinairement; mais la meule simple, obviant à tous les inconvéniens, nous permet de n'employer que le tiers de la force des autres moulins pour obtenir les mêmes résultats.

Procédé de M. Hallette fils.

M. Hallette fils, mécanicien à Blangy-les-Arras, a obtenu le 13 mai 1817, un brevet de perfectionnement de cinq ans, pour des améliorations apportées dans la fabrication des huiles de toute espèce, et surtout de celles de graines.

Second perfectionnement apporté aux meules

verticales décrites dans le brevet du 31 décembre 1811. Ce perfectionnement consiste :

1°. Dans la forme du châssis conducteur des meules verticales, qui est maintenant celle représentée en plan et en coupe verticale, *fig.* 21 et 22.

Les roulettes dont il est question dans le premier perfectionnement, sont ici remplacées par quatre pièces de fer *b*, ajustées sur les faces latérales intérieures du châssis, qui approchent de l'arbre vertical *a*, et frottent légèrement contre un cercle ou bague en fer *c*, fixé sur cet arbre ; cette bague et les quatre pièces de fer sont arrondies de manière que chacune des pièces de fer n'ait qu'un seul point de contact avec la bague.

Les poulies trotteuses qui, dans le perfectionnement, faisaient leur révolution sur un plateau fixé horizontalement sur l'arbre vertical, n'ayant pu résister plus de trois à quatre mois, sont remplacées par les arcs-boutans *d* portant roulettes, *fig.* 22, qui viennent s'appuyer sur l'arbre vertical *a*, qui rendent le châssis bien moins sujet à vaciller.

2°. Dans les engrenages qui sont maintenant en fonte.

3°. Dans les tourillons et pivots des arbres horizontaux et verticaux ; les pivots des arbres verticaux sont des pièces de fer ayant la forme de deux cônes réunis par leur base, comme on le voit en *e*, *fig.* 22.

Les tourillons des arbres horizontaux sont disposés comme on le voit *fig.* 23 ; cette figure montre aussi la manière dont les arbres sont consolidés, à leurs extrémités, par des cercles de fer *f*, avec des croisillons. Lorsque les pivots des arbres verticaux sont usés d'un bout, on peut les retourner de l'autre, puisque la pointe qui entre dans l'intérieur de l'arbre est la même que celle qui entre dans la crapaudine.

Perfectionnement des cames destinées à élever des pilons,
foulons, bocards, manteaux, etc.

Ces cames sont construites de manière à em-
brasser les arbres qui les portent : ce qui évite les
entailles, qui endommagent ordinairement les arbres à cames. (*Vid.* les cames, *fig.* 24.)

Perfectionnement des roues à augets.

a, (*Fig.* 29) Vue par le bout horizontal de la
roue à augets.

b, Assemblage de charpentes servant à fixer la
roue sur son arbre.

c, Portion de surface de cercle formant les joues
de la roue à augets ; elles sont formées de segmens
croisés à moitié de leur longueur, et fortement
boulonnés ensemble. Ceux de ces segmens qui forment la partie intérieure, et dans lesquels sont
assemblés les bouts de ces augets, ont environ
deux pouces huit lignes d'épaisseur ; ceux de dehors n'ont que 18 lignes.

d, Douves fixées sur les joues *c*, et servant de
fond aux augets. Entre chacune de ces douves, et
dans toute leur longueur, est une ouverture *e*, in-
clinée pour donner passage à l'air chassé par l'eau,
et éviter par ce moyen l'effet de la compression.
On voit que ces ouvertures prennent naissance à la
partie supérieure du fond de chaque auget, pour
qu'il ne reste plus d'air lorsqu'ils sont pleins, et
qu'il en rentre à mesure que l'eau sort.

f, Pots ou augets.

g, Plancher fixe qui retient l'eau dans les pots,
jusqu'au bas de la roue.

h, Vanne courbe formée de fortes douves en
chêne, soigneusement jointes, à languettes, et
solidement boulonnées sur deux arcs de cercle en
fer *i*. Cette vanne glisse dans des rainures prati-

quées dans deux fortes pièces de bois *j*, dont la courbe est parallèle à celle de la vanne ; c'est sur ces pièces de bois que le plancher *g* est fixé solidement.

k, Chapeau de la vanne, qui dirige l'eau dans les augets ; il est recouvert d'une plaque de métal qui empêche les angles de s'user par le frottement de l'eau.

l. Cric, qui, au moyen de la crémaillère *m*, fait mouvoir la vanne, qui s'abaisse au lieu de s'élever, comme cela est d'usage, pour faire arriver l'eau dans tous les moulins, ce qui donne la facilité d'élever la chute aussi haut que le niveau de l'eau le permet.

n, Poteau de la vanne de décharge.

o, Sol de la vanne de décharge.

p, Petit pont pour arriver aux vannes.

Nouveau système de presse muette pour les moulins à huile, propre à remplacer avantageusement la presse à coin, par le même.

Le principe de cette presse, représentée *fig.* 25, 26 et 27, repose sur l'effet produit par deux excentriques ayant chacun leur axe particulier, et donnant la pression qu'on obtient ordinairement par des coins.

Fig. 25. Plan de la presse vue par-dessus.

Fig. 26. Coupe verticale suivant R S, *fig.* 25.

Fig. 27. Coupe verticale suivant T U, *fig.* 25.

Dans les trois figures les mêmes pièces portent les mêmes lettres.

A. Bloc en bois d'orme percé au centre d'une grande mortaise, appellé *laye*, renfermant tout le système de la presse ; on peut garnir cette mortaise d'une caisse en fer, ce qui est préférable.

B. Axes des deux excentriques, portant chacun, à l'une de leurs extrémités, une roue en fonte C, du même diamètre, du même nombre de dents, et engrenant ensemble. Ces axes tournent dans des coussinets en fonte.

D. Les deux excentriques : ce sont deux fortes pièces de fonte en forme de rectangle, dont les angles sont arrondis, ayant en longueur le double de leur largeur.

E. Plaques de fonte en coussinets interposés entre les excentriques et la matière à presser, et contre lesquelles les excentriques exercent leur pression.

F. *Etreintes* en crin, qui enveloppent les sacs renfermant la matière à presser.

G. Grande roue dentée, portée par l'axe de l'excentrique supérieure, et fixée à la roue C, placée sur cet axe, par quatre boulons à écroux *h*; elle donne le mouvement aux deux excentriques : sa vitesse doit être de un quart de tour pour 70 secondes. Le premier quart de tour produit la pression, et le second produit l'état inverse. Des courroies *i*, fixées aux coussinets E, servent à les ramener contre les excentriques lorsque la presse est desserrée.

J. Vis sans fin, qui donne le mouvement à la roue G; elle est montée sur l'arbre K, portée par deux coussinets *l*, ajustés sur les traverses *m*, fixées d'un bout dans le mur, et de l'autre aux montans *n*.

O. Grande poulie à gorge plate, placée à l'extrémité de l'arbre de la vis sans fin, auquel elle imprime le mouvement qu'elle-même reçoit d'un moteur, au moyen de la courroie P.

Q. Table sur laquelle l'ouvrier prépare les objets qu'il veut presser.

Nouvelle machine propre à chauffer la graine écrasée, pour faciliter l'extraction de l'huile.

M. Hallette fils a complété son travail sur l'extraction des huiles, par la nouvelle machine que nous avons dessinée d'après lui, et qui fait partie de son brevet d'invention. Le but principal des recherches de ce mécanicien, a été de porter la fabrication des huiles de graines au dernier degré de perfectionnement, en faisant chauffer ces graines au plus haut degré, très également et sans l'exposer à acquérir, comme il arrive (même sur les fourneaux hollandais), le goût de grillé.

Sa machine, vue en coupe verticale, *fig.* 28, chauffe les graines par la vapeur concentrée ; un fourneau et une chaudière de très petite dimension peuvent alimenter quatre ou six machines semblables ; la consommation de la vapeur étant presque nulle, puisqu'il ne s'en perd par la condensation, que lorsque l'on verse dans le vase de la graine froide, et par la soupape de sûreté placée au bout du petit axe, que lorsque la pression est trop grande.

Cette machine se compose d'un cylindre *a*, fermé par ses extrémités, ayant ses deux axes ou tourillons creux ; à l'extrémité de l'un d'eux vient s'ajuster le tuyau *b* de la chaudière, autour duquel l'axe creux tourne à frottement doux ; on empêche la vapeur de sortir par ce point en employant les moyens en usage pour les pistons des machines à feu.

A l'extrémité de l'autre axe, est vissée une soupape conique *c*, pressée par un ressort à boudin ; cette soupape s'ouvre extérieurement en cédant à l'effort de la vapeur, lorsque la concentration est trop forte ; dans cette même soupape il en a placé une plus petite, qui a un effet inverse, et qui s'ouvre à l'intérieur pour permettre à l'air atmosphérique d'entrer dans le cylindre, si, par une cause imprévue, le vide venait à s'y établir.

Dans l'intérieur de ce cylindre est un vase en forme d'œufs *d*, joignant, par le plus petit de ses bouts, l'une des faces latérales du cylindre où il est soudé ; cette partie de l'œuf est tronquée et forme l'embouchure du vase, qui se prolonge à l'extérieur en forme d'entonnoir, que l'on bouche hermétiquement.

A l'extrémité diamétralement opposée, se trouve un tube *e*, qui s'assujettit au cylindre, et vient sortir en dehors d'une quantité égale à la longueur de l'entonnoir ; dans le bout de ce tube est vissé un robinet qui s'ouvre et se ferme alternativement par un moyen simple, pour laisser échapper, quand on le veut, la vapeur produite par l'humidité de la graine.

Toute cette machine est en cuivre rouge ou en fonte ; et, pour conserver la chaleur, elle est enfermée dans une espèce de tonneau *f*, de dimension un peu plus grande, afin qu'il existe un vide entre leurs parois ; ce vide est rempli d'une espèce de plâtre mêlé avec de la courte paille d'avoine.

Sur ce tonneau est une poulie à gorge plate, sur laquelle passe une courroie, qui communique à la machine un mouvement de rotation par secousses, au moyen d'une roue à rochets très éloignés, et afin de forcer la graine à se mouvoir dans le vase.

Cette machine se place au-dessus de deux entonnoirs jumeaux, *fig.* 3o, où sont attachés les sacs dans lesquels on presse la graine ; lorsqu'on veut les remplir, comme on n'a mis dans la machine que la graine nécessaire pour les deux sacs, il suffit d'ouvrir le vase, de le tenir un instant renversé pour que la graine sorte et se divise également, en tombant sur l'angle formé par la réunion des deux entonnoirs ; ensuite on lâche la machine, on lui laisse faire un demi-tour, on l'arrête de nouveau ; alors son embouchure se trouve sous l'entonnoir supérieur, qui sert à y verser la graine ; on la rebouche, et on la laisse tourner jusqu'à ce que l'on pense qu'elle est assez chaude ; ce qu'on peut encore juger à la vapeur qui s'échappe, comme on l'a dit ; par le robinet, chaque fois qu'il passe sous l'entonnoir supérieur, où une de ses branches est arrêtée par un crochet en fer qui le tient ouvert aussi long-temps qu'on le veut.

Cette machine est, comme on le voit, à l'abri de tout danger par ses soupapes de sûreté ; d'un autre côté, elle remplit son but, et on peut y chauffer la graine sans craindre de la gâter, à 90 degrés et plus ; en outre, la consommation du combustible est réduite de plus des trois quarts ; lorsqu'il y a plusieurs machines sur une même chaudière, et l'augmentation des produits en huile, paie seule, dans la première année, les frais d'établissement de la machine.

Procédé de M. Ecouchart.

M. Ecouchart de Dôle a présenté un nouveau procédé qui, tendant à supprimer les meules, cylindres et pilons, rendrait la fabrication des huiles des graines très économique. Ce procédé consiste à prendre un grand cylindre vertical, dans lequel on introduit les graines ; on fait passer dans cette machine, de la vapeur d'eau qu'on dégage d'une espèce de machine à papin ; cette vapeur doit avoir une température assez élevée pour réduire les graines en pâte. Cette marmite fournit ensuite de l'eau bouillante, qu'on force, au moyen d'une pompe foulante, à s'introduire dans la pâte ; l'huile en est ainsi complétement chassée par l'eau qui remplit sa place ; après l'opération, il ne reste plus que la partie fibreuse et le mucilage.

TROISIÈME PARTIE.

DÉPURATION DES HUILES.

Les huiles, telles qu'on les extrait des végétaux, sont plus ou moins pures, ou, si l'on veut, plus ou moins chargées d'une substance extracto-mucilagineuse ; chez quelques unes cette matière est azotée. Il en est qui sont douées, outre cela, d'une odeur et d'une saveur particulières ; d'autres qui sont plus ou moins colorées, etc. On a tenté divers moyens pour les amener à un état voisin du degré de pureté, en les dépouillant de cette espèce de mucilage, ainsi que de leur odeur, de leur saveur et de leur principe colorant. Plusieurs procédés ont été mis en usage ; la plupart sont même des modifications les uns des autres ; cependant nous préférons tomber dans des répétitions, que d'oublier les plus essentiels ; nous dirons cependant que les principaux moyens consistent dans l'emploi du charbon, de l'acide sulfurique, de l'eau, de la filtration et par le repos.

Dépuration par le repos.

Tous ceux qui ont fabriqué ou vu fabriquer des huiles, savent qu'elles sont troubles, lorsqu'elles sont récentes, et qu'après un temps plus ou moins long elles se clarifient plus ou moins bien, en déposant une substance extracto-mucilagineuse colorée, qui en trouble la transparence et les dispose à la détérioration. Dans l'huile d'olive, le dépôt est connu sous le nom de *crasses d'huile*; il est noirâtre, et donne des indices d'azote. Nous avons dit qu'il fallait un laps de temps, souvent très long, pour que l'épuration par le repos eût lieu ; aussi cherche-t-on à la favoriser par les moyens suivans :

Dépuration par la filtration.

On favorise l'épuration des huiles en les filtrant ; la partie mucilagineuse, qui en trouble la transparence, n'étant qu'interposée dans l'huile, il en résulte nécessairement que l'huile passe seule à travers le tissu du filtre, tandis que le mucilage se trouvant plus dense n'y passe point. Il est des huiles auxquelles cette opération peut suffire, mais il en est d'autres qui, quoique étant très claires, se troublent au bout de quelque temps, et déposent une nouvelle portion de mucilage ; on doit alors recourir de nouveau au filtre. L'huile d'amandes douces se trouve dans ce cas, aussi a-t-on le soin de la filtrer quand cela arrive, car ce mucilage la fait rancir promptement.

Filtre au charbon.

D'après la propriété désinfectante reconnue au charbon, et principalement au charbon animal, il est bien certain que les effets produits par les filtres au charbon, sur les eaux de mauvaise qualité, je dirai même infectes, ont dû nécessairement conduire quelques auteurs à faire cette même application à l'épuration des huiles ; parmi ceux qui se sont livrés à ce travail, nous citerons plus particulièrement M. Denis de Montfort, qui paraît être le premier qui s'en soit occupé. Nous croyons faire plaisir à nos lecteurs, en mettant sous leurs yeux le filtre qu'il a proposé et décrit dans le tome II de la *Bibliothéque physico-économique*, année 1814. Ce filtre consiste à prendre un de ces tonneaux connus sous le nom de *botte*, plus évasé dans le haut que dans le bas, et de le défoncer dans sa partie supérieure et la plus large. On établit dans le milieu, et dans toute la longueur, une espèce de cloison qui doit se joindre bien exactement aux parois, de manière à ce que l'huile ne puisse pas filtrer entre elle et eux ; elle doit être assujettie au moyen des clous qui traversent les douves et l'empêchent de varier d'assiette. Cette cloison doit être légèrement crénelée dans le bas, ou percée au même lieu d'une rangée horizontale de petits trous, assez grands cependant pour y passer un pois. Le tonneau et la cloison seront légèrement brûlés ou charbonnés en dedans ; l'appareil ainsi monté est susceptible de recevoir son filtre qu'on place sur un des côtés ; ce filtre se compose de charbon animal ou végétal, et de sable. Si l'on emploie du charbon végétal on doit le choisir bien propre, bien cuit, et de la grosseur du petit doigt ; il est plus convenable de le laver. Quant au charbon animal, l'expérience a démontré qu'il agissait plus efficacement ; le sable doit être siliceux et non calcaire ; on doit en avoir de gros et de fin ; on distingue le sable siliceux du sable calcaire, en ce que celui-ci fait une vive effervescence avec les acides et s'y dissout presque en entier, tandis que le siliceux ne s'y dissout point et ne produit qu'une légère effervescence qui souvent est nulle.

Voici maintenant la manière de construire ce filtre : on met dans un des côtés du tonneau une couche de deux doigts d'épaisseur d'un sable assez gros pour qu'il ne puisse plus passer à travers les crénelures où les trous pratiqués au bas de la cloison ; on y placera par-dessus un lit de charbon de deux pieds d'épaisseur au moins, que l'on recouvrira d'une couche de sable fin, épaisse de deux doigts, sur laquelle on en met une de sable plus grossier. Lorsque l'appareil est ainsi disposé, on verse l'huile, que l'on veut épurer, sur cette couche de sable grossier ; elle filtre

graduellement à travers ces divers lits de sable et
de charbon, et arrive par les crénelures toute épurée dans l'autre côté du tonneau, d'où on la retire
par des robinets placés à diverses hauteurs.

Lorsque la substance mucilagino-extractive a
tellement encrassé le filtre, que l'huile ne passe
plus, il y a deux manières de le nettoyer: la première
consiste à le démonter et à le bien laver; la 2ᵉ consiste à jeter un chaudron d'eau bouillante; son
effet est tel, qu'une partie des fèces ou de la crasse
monte à la surface, et l'autre descend au fond.
On enlève celles de la surface, et l'on évacue les
autres en ouvrant un robinet qui se trouve placé
à la partie inférieure du côté du tonneau où est
placé le filtre; cette eau écoulée, on peut y en verser de nouvelle et bouillante, jusqu'à ce qu'elle
passe claire. Ces crasses sont mises à part et ven-
dues pour la fabrication des qualités inférieures de
savon.

Il est aisé de voir, par cette description, qu'on
peut construire des appareils plus petits, de manière à les rendre commodes pour tous les ménages.

M. Denis de Montfort assure avoir ainsi épuré
l'huile fétide et dégoûtante, connue sous le nom
d'huile de pied de bœuf, et l'avoir rendue propre
à être mangée; ce savant ajoute, que Mᵉ la maréchale de Brissac, ayant voulu faire un essai de cette
huile comme comestible, elle fut trouvée supérieure à toutes les autres, principalement pour les
fritures, et qu'on en fit constamment usage jusqu'à sa mort. M. Collier a présenté un autre filtre
ainsi que M. R. L., nous les faisons connaître dans
cette partie de notre ouvrage.

Dans toute la Flandre et le Brabant, on emploie
comme comestible, les huiles de colza et de lin;
leur épuration, qui est des plus simples, se rattache à ce que nous venons de dire; on prend ces
huiles récentes et bien préparées, on les met dans

un chaudron de fer qu'on place sur un feu doux ;
on les fait *bouilloter* pendant environ deux heures,
et l'on jette ensuite dans le chaudron des croûtes
de pain que l'on a réduites en charbon ; on conserve cette huile à la cave dans le vase d'où on
l'extrait pour les besoins journaliers. Il est aisé de
reconnaître le rôle que joue ici le charbon de pain
qui est de nature végéto-animale.

Dépuration des huiles par l'eau.

Il est bien reconnu que l'eau n'exerce aucune
action sensible sur les huiles douces ; il n'en est
pas de même sur leur mucilage, leurs principes
extractif et colorant dont elle en sépare une certaine proportion ; en effet, quand on agite une
huile fixe avec l'eau, ce mélange blanchit d'abord,
à cause de l'interposition de l'eau entre les molécules de l'huile ; par le repos, celle-ci surnage l'eau
qui est devenue plus ou moins louche ; cette huile
est alors claire et par conséquent plus pure et plus
combustible. Cette méthode est mise en usage dans
quelques ateliers, elle paraît avoir été pratiquée
pour la première fois sur les huiles de navette,
par M. Edward Roche de Cork ; voici la manière
dont il décrit son opération. Je commençai par
laver l'huile, que j'agitai vivement avec un seizième d'eau de fontaine ; il se forma un liquide
trouble, ressemblant à des jaunes d'œufs battus ;
en moins de deux jours, la séparation eut lieu,
l'huile surnageait l'eau, laquelle occupait par conséquent le fond avec les matières étrangères. Cette
opération est bien plus certaine lorsqu'on emploie
l'eau de mer ; il est un fait digne de remarque,
c'est que lorsqu'on emploie l'eau de fontaine chargée de sel marin (chlorure de sodium), l'éclairage
n'est point aussi brillant et prend un aspect rougeâtre. L'huile ainsi dépurée brûle très bien et

sans mauvaise odeur ; elle ne perd pas la centième partie de son poids.

Ce procédé est aussi simple qu'avantageux ; il est très facile à mettre en pratique, surtout pour les huiles d'olive que l'on fabrique dans des contrées qui bordent la Méditerranée.

Depuis long-temps, j'ai mis en usage l'épuration de l'huile d'amandes douces en l'agitant avec l'eau ; par ce moyen je l'ai dépouillée d'une grande partie de son mucilage, et j'ai reconnu qu'elle se conserve alors plus long-temps sans rancir.

Dans les fabriques où l'on dépure les huiles au moyen de l'acide sulfurique, nous conseillons de laver ensuite ces mêmes huiles, avec le cinquième de leur poids d'eau ; on les obtiendra, par ce moyen, dans un état voisin de leur extrême pureté.

Dépuration par l'acide sulfurique.

M. Gower, chimiste anglais, de l'université d'Oxford, est un des premiers qui se soient occupés de l'épuration des huiles par l'acide sulfurique ; son procédé, qu'il publia en 1790, consiste à prendre parties égales d'huile et d'eau acidulée par cet acide, sans en indiquer la quantité.

On met ces deux liquides dans un vase de bois commodément disposé ; et, lorsqu'à force de les agiter on est parvenu à les amalgamer, on fait passer ce mélange dans une chaudière afin d'opérer la séparation de l'huile d'avec l'eau chargée de la substance mucilagineuse ; on aide cette séparation par l'action d'une douce chaleur. Si l'huile, par cette opération, n'est pas suffisamment épurée, on la traite encore par de nouvelle eau acidulée.

Il est aisé de voir que le procédé de M. Gower se ressent de l'inexpérience, puisqu'il n'offre pas toujours des résultats certains, qu'il ne détermine pas la quantité d'acide sulfurique qui est nécessaire

pour cette opération, et qu'il conseille de faire
passer ce mélange du vase de bois, dit baratte,
dans une chaudière dont il n'indique pas, il est
vrai, la nature métallique. Mais, soit qu'elle soit
en cuivre ou en fer, elle n'en est pas moins attaquée par l'acide sulfurique, et dès lors il est bien
plus convenable de laisser opérer la séparation de
l'huile, dans le vaisseau de bois, comme nous le
faisons voir en décrivant une modification plus
méthodique de ce procédé.

Procédé de M. Denis de Montfort par l'acide sulfurique.

M. Denis de Montfort s'est long-temps occupé
de l'épuration des huiles ; le résultat de ses expériences fit le sujet d'un mémoire qu'il envoya au
concours pour le prix proposé sur ce sujet par la
Société d'Agriculture, Commerce, Sciences et Arts
de la Marne, et qui se trouve inséré dans la Bibliothèque *Physico-économique*, année 1814.

L'auteur conseille de prendre cent parties d'huile
de colza, de navette où de tout autre huile végétale, d'y ajouter deux parties d'acide sulfurique
(huile de vitriol), et de remuer fortement ce
mélange en tournoyant. Cela fait, on ne tarde pas
à le voir devenir vert comme du savon de cette couleur. On prend alors un verre à boire, dit verre
d'épreuve, qu'on remplit de cette huile, et, le plaçant entre les yeux et la lumière, on aperçoit une
quantité de flocons noirs qui s'y forment, et qui
augmentent d'autant plus qu'on laisse agir plus
long-temps l'acide. Lorsque cette action paraît
suffisante, on ajoute à l'huile le double de son
volume d'eau claire et on les bat ensemble. La liqueur se trouble aussitôt, et blanchit comme du
lait battu. En cet état on y ajoute suffisante quantité de chaux éteinte ou du marbre en poudre.

pour saturer l'acide sulfurique et en débarrasser la liqueur ; on brasse fortement avec un rable, et on laisse le tout en repos. Le sulfate de chaux, qui s'est formé, se précipite au fond du vase ; l'eau chargée de flocons mucilagineux le recouvre, et l'huile épurée vient nager à sa surface ; on l'enlève soigneusement. Elle doit alors brûler avec beaucoup de clarté et sans fumée ; s'il en est autrement on doit répéter l'opération.

Procédé par les alcalis ; par le même.

Prenez de l'huile de colza, de navette ou de raifort préparée en huile à quinquets ; d'autre part préparez une lessive à froid avec quatre livres de bonnes cendres, une livre de chaux et cent livres d'eau ; mêlez cette lessive avec deux cents livres d'huile, et brassez le mélange pendant un demiquart-d'heure ; ajoutez ensuite le double d'eau pure, et rebrassez de nouveau ; par le repos l'huile vient surnager la liqueur. Cette huile perd ainsi son âcreté et acquiert une saveur de noisette ; elle est claire, limpide, et conserve son arome. Le dépôt est une espèce de savon très délayé qu'on pourrait séparer de l'eau en le faisant cuire et y ajoutant de l'hydrochlorate de soude (sel marin) en suffisante quantité. On peut enlever l'odeur de ces huiles en les agitant avec de l'alcool qui en dissout le principe odorant. On peut dépouiller l'alcool de cette odeur en le mêlant avec l'eau et le distillant. Par ce moyen on peut le faire servir un grand nombre de fois.

Nous avons décrit cette épuration par la potasse ; on peut obtenir le même effet au moyen de la soude ; mais nous ne saurions donner la préférence à ce procédé, parce que nous croyons qu'il y a trop de perte à cause de l'huile qui est saponifiée par l'alcali caustique ; nous ne sommes même pas certains que la saveur des huiles ainsi épurées, soit aussi agréable que M. Denis de Montfort l'annonce.

Procédé par l'argile ; par M FISCHER.

M. Fischer assure que l'on peut enlever aisément le mauvais goût des huiles et les dépurer en y ajoutant un tiers de leur poids d'eau, dans laquelle on a délayé une once, par livre de ce liquide, d'argile en poudre finè et tamisée. On doit avoir soin de bien agiter ce mélange de temps en temps. Au bout de sept à huit jours de repos, on enlève l'huile qui surnage, laquelle est alors blanche et de très bon goût.

Epuration des huiles par le charbon et l'acide sulfurique réunis, dans le département du Nord.

Dans le département du Nord, où l'on fabrique une grande quantité d'huiles de colza, de navette, de pavot, etc., les fabricans ont adopté le double mode de dépuration par l'acide sulfurique et par le charbon. Indépendamment des documens que nous avons puisés dans les divers traités de chimie, nous avons reçu de M. R. L. des renseignemens très utiles que nous allons consigner ici. Nous ferons observer qu'on distingue divers degrés d'épuration dans les huiles, et que leurs prix sont relatifs à ces mêmes degrés. Ainsi en mars 1822, les huiles épurées valaient par hectolitre de plus que les non épurées :

Les huiles à quinquets ou veilleuses. . . 9 fr.
— à réverbères. . . . . : 6
— à salade. 6

ce sont les trois qualités d'huiles épurées que l'on connaît dans le commerce.

Dans les fabriques, où l'on se propose d'épurer

les huiles, on doit choisir un local particulier ou mieux une cave, afin de les tenir à l'abri de la gelée. La température de ce local doit être entretenue de 16 à 18° du thermomètre de R., l'air doit s'y renouveler facilement, il doit être pavé en pente avec une rigole au milieu qui communique avec un ou plusieurs vases placés dans la terre, et destinés à recevoir l'huile.

Les principaux agens propres à cette dépuration sont :

L'*eau*. Il faut la choisir aussi pure que possible.

L'*acide sulfurique*. Il doit être également pur, incolore et marquer de 65 à 66°.

Le *charbon*. On doit choisir celui qui provient du charme, du jeune chêne ou du hêtre ; les morceaux doivent être de la grosseur du petit doigt, compactes, durs, sonnans et secs.

De l'épuration de l'huile de colza ou navette, pour quinquets et veilleuses, ou huile de colza de première qualité.

A cent livres d'huile de colza ou de navette, on ajoute une livre quinze onces (1) d'acide sulfurique concentré (2), on mêle le tout ensemble (3), on agite le mélange avec un instrument de bois (4).

---

(1) Quelques épurateurs en mettent 2 livres, et quelques autres 1 livre 14 onces.

(2) Il doit marquer de 65 à 66 degrés.

(3) Pour cette opération on se sert de tonneaux contenant 6 à 7 hectolitres, défoncés par l'un des bouts, cerclés avec des cercles de fer, et assis sur un chantier : on épure ordinairement 5 hectolitres d'huile à la fois.

(4) Cet instrument est fait en bois de chêne, ayant un manche d'environ 5 à 6 pieds de longueur ; on fiche ce manche dans une planche circulaire de 12 pouces de diamètre, et d'un pouce d'épaisseur, percée de plusieurs trous d'un pouce de diamètre.

Incontinent l'huile change de couleur, elle se trouble et devient noirâtre; au bout de 40 ou 45 minutes d'agitation continuelle, elle se remplit de flocons; on doit alors cesser de l'agiter, et y ajouter quatre litres d'eau bouillante. On continue d'agiter ce nouveau mélange pendant vingt minutes, pour mettre les molécules d'huile, d'acide sulfurique et d'eau, en contact les unes avec les autres; on laisse reposer le mélange pendant sept à huit jours, mais dans les 12 ou 18 premières heures, on agite de nouveau le mélange pendant quelques minutes, d'heure en heure (on recommande surtout cette nouvelle agitation, attendu que l'huile acquiert plus de blancheur).

Au bout de sept ou huit jours de repos, l'huile surnage l'eau, et celle-ci surnage elle-même une matière, tirant sur le noir, précipitée de l'huile par l'acide sulfurique (c'est cette matière qui donne de la couleur à l'huile et qui l'empêche de brûler avec facilité). Il s'en faut de beaucoup, qu'après ces sept ou huit jours de repos, l'huile soit limpide et soit dégagée de toutes les parties charbonneuses qui occasionnent la fumée. Les opérations suivantes indiqueront la manière de la porter à son dernier degré d'épuration.

Après que l'huile a reposé le temps prescrit ci-dessus, on la décante; mais auparavant, on a soin d'ôter le bouchon, qui est au fond de la pièce (ce bouchon est ordinairement en liége), afin de faire écouler à peu près la quantité d'acide sulfurique, de matière noire et d'eau qui se trouvent dans le fond de la pièce. On reçoit ces matières dans un récipient de bois, et elles sont mises dans un tonneau destiné à cet effet, et dont on parlera ci-après à l'article résidu. Quand on s'aperçoit que ces corps étrangers sont presque tous écoulés et que l'huile paraît, on remet le bouchon et on la soutire, soit par un robinet de cuivre ou par une chantepleure (mais le robinet est préférable), et au fur et à mesure qu'on la soutire, on la fait passer à travers un filtre au charbon dont on va faire connaître la construction et l'usage.

Filtre au charbon pour les huiles, dans le département du Nord.

On étend le charbon sur un pavé uni et propre, on le réduit en morceaux de la grosseur d'un gros pois (1); pour le rendre ainsi, on se sert d'un brisoir. C'est un instrument fait en bois de chêne; le manche, long d'environ cinq pieds, est fiché dans un morceau de bois, coupé en carré long, sur huit pouces de longueur, quatre pouces de largeur et quatre d'épaisseur. Le plat de cette planche doit être garni, sur toute sa surface, de clous dans le genre d'une brosse, mais avec de petits intervalles, afin que le charbon ne se réduise pas totalement en poussière. Quand le charbon se trouve à peu près à la grosseur susdite, on le passe au tamis, en ayant soin de faire cinq ou six tas, l'un de la poussière, et les autres des morceaux, toujours de plus gros en plus gros, pour former quatre ou cinq couches.

On prend un tonneau de la grandeur que l'on veut, mais cependant il vaut mieux qu'il soit étroit et le plus haut possible; chaque tonneau doit être défoncé par un bout, et avoir un trou au fond pour y mettre un bouchon d'un pouce et demi de diamètre, et éloigné de trois pouces des jables du tonneau; plus un robinet placé le plus bas possible.

Dans l'intérieur de chaque tonneau, on mettra un double fond en tôle (2) d'une épaisseur moyenne

_____

(1) Et une partie comme une noisette.

(2) On mettra autour un cercle de fer plat, large d'un demi-pouce environ, afin que la tôle soit plus solide

percée de beaucoup de trous sur sa surface, dans le genre d'une écumoire. Les trous doivent être environ de cette grandeur

(●). Ce double fond doit être recouvert d'une flanelle croisée très forte, bien tendue et cousue, autour du bord, qu'elle doit dépasser de quelques pouces ; on la replie en dessous. Pour soutenir ce double fond, qui doit être posé à quatre pouces environ au-dessus de celui du tonneau, on le pose sur une grosse tresse de paille, bien serrée et faisant le tour du fond, ayant soin de ne pas boucher le trou par où l'huile doit s'écouler du filtre, ni le trou du robinet ; on fera observer que ce double fond doit bien joindre avec les parois du tonneau.

Au-dessus de ce double fond, on met une couche d'épis de blé battus et dépouillés de leurs grains ; cette couche doit être à la hauteur d'environ trois pouces ; les épis doivent être serrés les uns contre les autres afin de ne pas laisser passer le charbon. On met sur cette couche d'épis, une couche de charbon pilé fin à la hauteur d'un pouce ; on ajoute, sur cette première couche de charbon, une seconde couche, mais pilé plus gros que celui de la précédente ; on continue à en mettre ainsi, une troisième, une quatrième et une cinquième couche jusqu'à environ 7 ou 8 pouces de hauteur, à partir de la couche des épis de blé ; mais chaque nouvelle couche doit être d'un charbon plus gros que celle qui est immédiatement en dessous.

Après que toutes les couches sont terminées,

_____

et plus droite, et que la flanelle ne se coupe pas ; ce cercle devra être percé de plusieurs trous pour y coudre la flanelle.

on assujetit au-dessus un autre double fond, mais
en bois, percé sur toute sa surface d'un grand
nombre de trous de la grosseur du bout du petit
doigt, afin de verser par-dessus l'huile à éclaircir
sans déranger les couches du charbon.

Lorsque les filtres sont préparés, comme il est
dit au paragraphe précédent, on soutire l'huile
de la pièce où elle a subi la première opération, et
on la verse dans le filtre, en laissant le trou en dessous ouvert, pour laisser passer et tomber l'huile
dans la tonne ou tonneau qui doit la contenir.
On conçoit que, lorsque le filtre vient d'être con-
struit nouvellement, quelques heures avant que
l'huile ait pénétré le charbon, le déchet est aussi
plus considérable, attendu que le charbon retient
de l'huile, il faut donc la continuité du travail
pour rendre ce déchet peu sensible.

Celui qui charge le filtre doit faire attention à
la quantité d'huile qui passe au bout de quelques
heures, afin de le charger en conséquence pour la
nuit.

Il arrive quelquefois que les filtres (malgré tous
les soins pris pour les façonner) ne rendent pas
l'huile bien limpide; pour y remédier, on adapte,
sous le robinet, un feutre (1) par où l'huile passe :
on peut être sûr alors de sa limpidité.

Ce feutre a la figure d'un cône renversé, sur
dix-huit pouces de hauteur et treize pouces de diamètre à son ouverture; on assujettit le feutre à un
cercle, afin de le tenir ouvert et de lui donner plus
de force. (2)

On aura soin de ramasser le résidu de l'épuration
ainsi que toutes les lies d'huile, dans un tonneau
destiné à cet usage. Ce tonneau doit être muni

---

(1) On l'appelle dans le pays *alambic*.
(2) Lorsque le feutre est trop gras on le donne à dé-
graisser au chapelier.

d'un robinet dans le bas. On verse à plusieurs reprises, sur ce résidu, de l'eau bouillante, on agite le tout, et, après quelque temps de repos, on laisse écouler l'eau par le robinet; on continue cette opération, jusqu'à ce que le résidu ne soit plus sale ou imprégné d'acide sulfurique (1); alors il peut servir pour faire du savon vert. On donne deux hectolitres de ce résidu épuré pour un hectolitre d'huile. Au-dessus de ce dépôt, il peut s'y trouver de l'huile pure, surnageant ce dépôt; on a soin de la retirer avec une cuiller plate, pour la faire passer de nouveau à l'épuration.

De l'épuration de l'huile de colza ou de navette, connue dans le commerce sous le nom d'huile à réverbères, ou de seconde qualité.

A cent livres d'huile de colza ou de navette, on ajoute douze onces d'acide sulfurique concentré; on agite ce mélange pendant 40 ou 45 minutes; on ajoute ensuite quatre ou cinq litres d'eau froide, on agite encore ce nouveau mélange pendant 20 ou 25 minutes. Ensuite on continue les autres opérations comme pour l'huile à quinquet.

De l'épuration de l'huile d'olliette ou pavot, pour manger en salade et autres usages économiques.

A cinq hectolitres d'huile d'olliette (2), on ajoute

_____

(1) Quelques épurateurs mettent ce résidu dans une chaudière avec une quantité d'eau suffisante, et le font bouillir quelque temps; alors la matière, qui surnage cette eau, est le résidu épuré qui sert à faire le savon vert, comme il est dit au paragraphe IV.

(2) L'hectolitre d'huile d'olliette pèse 188 livres et demie, poids de marc.

trois quarts de litre d'acide sulfurique; on agite le mélange pendant trente minutes; on ajoute ensuite neuf litres d'eau bouillante, dans laquelle on aura fait bouillir une once de cannelle concassée. Lorsque l'eau est versée dans l'huile, on y met trois oignons blancs pelés (1), dans lesquels on aura enfoncé des clous de girofle; il faut remuer ce nouveau mélange pendant douze ou quinze minutes, et après sept ou huit jours de repos, passer l'huile par un filtre comme pour les précédentes.

Observation essentielle. Tous les instrumens qui auront servi pour épurer, filtrer, etc., les huiles de colza, ne pourront être employés pour l'huile d'olliette. On aura soin aussi de nettoyer de temps à autre avec de l'eau bouillante les instrumens qui auront servi à épurer l'huile d'olliette.

Nota. Pour mettre l'huile d'olliette épurée en futailles, on aura soin auparavant de les nettoyer avec de l'eau bouillante et passer dans chaque futaille un demi-verre d'eau-de-vie de grain et de les laisser égoutter pendant un jour ou deux; les futailles ainsi préparées sont prêtes à recevoir l'huile.

Procédé propre à épurer les huiles; par MM. Colin de Cancey et compagnie. (*Paris.*)

MM. Colin de Cancey et Cᵉ ont obtenu, en 1812, un brevet d'invention de cinq ans, pour l'épuration des huiles; voici leur procédé :

Après avoir préparé les huiles par l'acide sulfurique, comme on le fait ordinairement, on les bat bien à froid dans des foudres destinés à cet usage, en incorporant, durant le travail, vingt-deux déca-

(1) Si les ognons surnageaient l'huile on y planterait quelques clous pour les faire descendre au fond de la pièce.

grammes d'éther sulfurique, pour douze cents kilogrammes d'huile; on laisse reposer, on passe plusieurs fois dans des filtres bien préparés, et l'épuration est achevée.

Dépuration des huiles de poisson par les alcalis, l'acide sulfurique et le charbon réunis; par M. COLLIER.

Pour dépurer l'huile de poisson, M. Collier la
fait chauffer dans une chaudière, jusqu'à la température de 35 à 40 de R.; il y ajoute ensuite, par
chaque 25 livres d'huile, une livre d'une lessive
alcaline qui pèse un quart de plus que l'eau distillée; on remue bien ce mélange dans la chaudière
et on le laisse reposer. On fait ensuite passer cette
huile, à l'aide d'un siphon, dans un vaisseau où
l'on a mis suffisante quantité de charbon nouveau
et pilé avec de l'acide sulfurique, étendu d'eau en
proportion suffisante, pour dissoudre la substance
mucilagineuse. L'effet de l'acide est si prompt et
si sensible que, presqu'à l'instant même, l'huile
devient limpide à la surface. On remue de nouveau
ce mélange, et on le laisse en repos, afin de favoriser la séparation de l'eau et du charbon, comme
nous allons le faire connaître.

Filtre au charbon de M. Collier.

Dans la construction de ce filtre, M. Collier a
cherché à réunir à la pression hydrostatique qui,
comme l'on sait, est en raison directe de la hauteur du fluide, la filtration ascendante. On établit
donc un réservoir à la hauteur qu'on juge nécessaire,
et d'une capacité proportionnée à la quantité d'huile
que l'on se propose de filtrer, après qu'elle a été préparée par les procédés ci-dessus décrits. Un tuyau
adapté à ce réservoir, communique par le fond

avec le vaisseau dépuratoire, et détermine, par sa hauteur, la pression plus ou moins forte qu'on veut faire subir à l'huile; ce vaisseau doit être en métal et rempli de charbon pilé et comprimé. Il est aisé de voir que l'huile, obéissant à sa propre pression, traverse cette masse de charbon, et sort de l'appareil, totalement purifiée, par un robinet adapté à la partie supérieure.

Un des avantages de cet appareil, c'est qu'on n'a pas besoin de renouveler le charbon, même après qu'il a servi long-temps; lorsqu'il est écrasé, il suffit de dévisser les tuyaux et d'exposer ce vaisseau au feu jusqu'à ce qu'il soit rouge et qu'il n'en sorte plus de fumée; alors la substance mucilagineuse se trouvant brûlée, le charbon retrouve sa vertu dépurante, et sert à de nouvelles expériences.

Nous devons à ce même artiste un autre appareil pour filtrer en grand les huiles d'une qualité inférieure; il consiste en un alambic rempli de charbon pilé jusqu'au chapiteau, il doit être placé verticalement et demeurer vide. Cet alambic reçoit l'huile d'un vase au moyen d'un tube de communication; on le chauffe suffisamment, pour que l'huile s'élève à travers le charbon jusqu'au chapiteau, et se rende, en traversant un serpentin, dans un tonneau. Nous ne saurions conseiller cette méthode, attendu que l'huile, ainsi chauffée, doit conserver un goût empyreumatique, et doit être plus disposée à rancir.

Pour compléter cette partie, j'y joindrai le tableau des quantités d'huiles de graines, que l'on épure annuellement dans le département de la Seine, ainsi que les frais que cette épuration exige et les bénéfices qu'elle donne. Nous devons ce tableau à M. le comte de Chabrol, préfet de la Seine; il est bon de faire observer que ces huiles ont été fabriquées dans le Nord.

14

Dépuration de l'huile pétrole, par M. de Saussure.

Nous avons déjà fait connaître qu'on séparait aisément le naphte de l'asphalte par la distillation, et que c'était le vrai moyen de l'obtenir pur.. M. de Saussure a cru devoir rechercher si l'on ne pourrait pas arriver au même but, en traitant le pétrole par l'acide sulfurique, comme on l'opère pour les graines oléagineuses. Nous allons transcrire textuellement les résultats qu'il a obtenus, en faisant remarquer d'abord, que l'huile, sur laquelle il a opéré, provenait de la distillation de la mine d'asphalte de Travers, dans le canton de Neufchâtel.

« J'ai ajouté., dit-il, au pétrole renfermé dans une bouteille, dont il occupait environ le tiers, de l'acide sulfurique du commerce, dans les proportions du neuvième au dixième du poids de l'huile, et j'ai mêlé les liquides, en secouant fortement le vase après l'avoir fermé pendant sept à huit minutes. Il ne convient pas d'opérer sur de trop grandes doses de pétrole, parce que le mélange se fait alors trop difficilement. La proportion d'acide peut être augmentée; plus elle l'est, plus on est sûr du succès de l'opération; un quinzième d'acide suffirait à trois ou quatre onces d'huile, mais non pas à deux livres de ce bitume.

J'ai laissé les substances en contact pendant une semaine, en les agitant chaque jour, excepté le dernier où j'ai séparé, par décantation, l'huile d'un dépôt noir, épais, très fétide, qui paraît être une combinaison d'une portion de l'acide sulfurique avec le principe colorant modifié. La liqueur décantée, avait une légère odeur d'acide sulfureux, qui a disparu par son exposition à l'air; si, à cette époque, le pétrole conservait encore son odeur bitumineuse, cela indiquerait qu'on n'a pas assez vivement agité le mélange dans la première opération, et il conviendrait de recommencer en ajoutant de nouvel acide.

Le pétrole, séparé du dépôt précédent, a été mêlé avec une solution de potasse caustique, composée d'une partie de cet alcali séché au feu, et de vingt parties d'eau. Lorsque l'huile s'est séparée par le repos, elle a été décantée, puis agitée fortement dans une grande bouteille fermée, pleine d'air, et dont l'huile n'occupait que la dixième partie ; elle a été mêlée ensuite avec quatre ou cinq fois son volume d'eau, qui y a formé une émulsion laiteuse, permanente, composée d'eau et d'une combinaison particulière d'acide et de pétrole, sur laquelle l'huile surnageait presque pure. Ce pétrole a été de nouveau agité dans l'air, puis lavé avec de l'eau. En répétant ces opérations (1) jusqu'à ce que l'huile, après avoir été agitée dans l'air, n'ait plus formé d'émulsion permanente avec l'eau, j'ai obtenu du pétrole moins odorant qu'aucune huile fixe végétale ; il ne retenait qu'une quantité insignifiante d'acide sulfurique. Cette huile était d'abord trouble, mais elle s'est clarifiée complétement par la filtration au travers du papier et par un repos de quelques heures. Nous pensons qu'on pourrait abréger beaucoup cette opération

(1) On pourrait supprimer le traitement successif avec l'eau et l'air, et abréger ainsi beaucoup l'opération, en employant une solution deux fois plus chargée de potasse ; mais la grande quantité de cet alcali rendrait le procédé trop dispendieux. Je dois faire observer que l'alcali, qui a servi dans les proportions que j'ai indiquées pour la purification du pétrole, est bien loin d'être saturé par l'acide sulfurique, et qu'on peut employer le même sel à plusieurs purifications, en faisant évaporer sa solution, et faisant rougir le résidu.

en agitant l'huile, après qu'elle a été traitée par l'acide sulfurique et la potasse, avec de l'eau de chaux, qui, d'ailleurs, la dépouillerait plus facilement de l'acide sulfurique qu'elle retient.

Il serait bon de tenter l'application de la méthode que M. de Saussure a employée, pour le pétrole, à l'huile de cade; nous sommes portés à croire qu'avec quelques légères modifications ou changemens, elle pourrait fort bien réussir; une telle dépuration serait d'un avantage immense pour quelques localités du midi de la France.

Nous allons maintenant joindre ici le tableau de l'épuration des huiles de graines oléagineuses, dans le département de la Seine, dont nous avons déjà parlé.

DÉPENSE DE L'ÉPURATION

ÉTABLISSEMENS		MAIN-D'OEUVRE		MATIÈRES — Premières		Accessoires à l'épuration	FRAIS généraux	TOTAL général de la dépense annuelle
Nombre des établissemens.	Valeur foncière et mobilière des établissemens.	Nombre des ouvriers.	Prix moyen de la journée.	Huile de colza. / Huiles diverses.	Acide sulfurique à raison de 30 kil. pour 100 litres d'huile.	Charbon végétal à raison d'une demi-voie pour 100 hect.	Éclairage, frais de bureau évalués à 500 fr. par établissement.	
	francs.		francs.	hectolitres. / hectolitres.	kilogr.	voies.	francs.	francs.
14.	410,000.	40.	2,70.	40,000. / 8,000.	144,000.	240.	7,000.	— 3,041,920.

Salaire total des ouvriers, à raison de 300 des établissemens, à jours de travail dans raison de 6 p. 100 l'an. l'année.

Intérêts de la valeur foncière et mobilière

	Huile de colza	Huiles diverses	Acide sulfurique
	Au prix moyen de 61 francs l'hectolitre pris hors des barrières,	48,000.	Au prix moyen de 30 francs le quintal,
	2,928,000.		47,520 fr.
Charbon végétal : Au prix moyen de 10 francs la voie, 2,400 fr.			2,977,920.

Salaire : 32,400. / 32,400.
Intérêts : 24,600. / 24,600.

OBSERVATIONS.

On emploie à Paris les huiles de colza, de caméline et d'oliette épurées, et celles de chenevis, de faîne et de lin non épurées.

L'huile de colza est préférée aux autres pour les lampes.

L'huile de caméline n'est destinée qu'à alimenter les réverbères; il en est de même de celle d'oliette la plus commune, mais en très petite quantité.

L'huile d'oliette, première qualité, est employée comme aliment, lorsqu'elle a été extraite à froid; les qualités intermédiaires non épurées entrent dans la composition du savon blanc, ou sont employées dans la peinture.

L'huile de chenevis sert, le plus communément, à la fabrication du savon vert.

L'huile de faîne s'emploie, pure ou mélangée, dans quelques usages économiques.

L'huile de lin n'a presque d'autre emploi que la fabrication des couleurs et les travaux de la peinture.

Résidu des huiles.

Les fèces d'huile servent aux corroyeurs dans la préparation des cuirs.

Les résidus acides sont appliqués à diverses préparations dans les fabriques des produits chimiques.

RECETTE. (Droits d'entrée non compris.)

RÉSIDUS.		PRODUITS FABRIQUÉS.	VALEUR totale des résidus et des produits fabriqués.	BÉNÉFICE résultant de la comparaison du montant des dépenses totales avec celui de la valeur totale des produits.
Fèces d'huile.	Résidu acide à raison de 8 kil. par hectolitre.	Huile à quinquet et à réverbère, épurée.		
kilogr.	kilogr.	kilogr.	francs.	francs.
450,000.	384,000.	3,950,000.	— 3,221,760.	— 179,840.
Au prix moyen de 15 fr. le quintal.	Au prix moyen de 14 fr. le quintal.	Au prix moyen de 79 fr. le quintal.		Soit,
67,500 fr.	53,760 fr.	3,120,500 fr.		

Soit,

1°. À l'égard de la valeur totale des produits fabriqués, 5,58 pour 100.

2°. A l'égard du montant des fonds nécessaires pour exploiter cette branche d'industrie, que l'on évalue à 950,000 fr. 18,93 pour 100.

QUATRIÈME PARTIE.

HUILES ANIMALE ET MINÉRALE.

§. Ier.

Huile animale.

On trouve chez les animaux des huiles toutes formées; elles sont solides ou plus ou moins fluides, comme les diverses graisses, le beurre, les huiles de poisson, et d'autres qui sont le produit de la décomposition des substances animales soumises à l'action du calorique dans des vaisseaux clos. Nous allons commencer par l'examen de ces dernières.

Huile animale de Dippel.

Huile de corne de cerf, — empyreumatique, — d'os, etc.

Pendant long-temps on a fait un grand usage en pharmacie, comme vermifuge, etc., d'une huile dont le prix était fort élevé et qui était désignée par les dénominations précitées. On la préparait en remplissant de raclure de corne de cerf, aux trois quarts, une cornue de grès lutée, munie d'une allonge renflée à laquelle était adapté un grand ballon tubulé et muni d'un tube droit, destiné à donner issue à l'air et au gaz. L'appareil ainsi disposé, et le tout étant bien sec, on distillait à feu nu dans un fourneau de réverbère muni de son dôme, en commençant par une douce chaleur que l'on élevait graduellement jusqu'à rendre la cornue incandescente. Les premiers produits obtenus étaient de l'eau n'ayant presque plus de couleur ni de saveur, à laquelle en succédait une autre qui était jaunâtre et d'une odeur très fétide, propriétés qu'elle devait à un peu d'huile, semblable à celle qui passait bientôt à la distillation, d'abord légère, fort peu colorée et très fluide, et ensuite plus consistante et noirâtre. Dès que la cornue était incandescente et qu'il ne passait plus rien, l'opération était terminée, et on laissait refroidir l'appareil. Voici la série des produits qu'elle avait donnés.

1°. Des gaz oxide de carbone, acide carbonique, hydrogène carboné, un peu d'acide hydro-cyanique, etc., qui s'étaient dégagés.

2°. Une *eau* rougeâtre, connue sous le nom d'*esprit volatil de corne de cerf*, et qui est composée de sous-carbonate d'ammoniaque et d'un peu d'huile unie à un peu d'ammoniaque, dans un état saponacé.

3°. Une huile empyreumatique, contenant des sous-carbonates d'ammoniaque, dont l'excès d'alcali forme une espèce de savon.

4°. Dans le col de la cornue et l'allonge, du sous-carbonate d'ammoniaque coloré par un peu d'huile animale; c'est ce que les anciens chimistes appelaient *sel volatil de corne de cerf*.

5°. Dans la cornue un véritable charbon animal.

On purifie cette huile en la distillant avec un peu d'eau, ou mieux en l'introduisant dans une cornue de verre au moyen d'un entonnoir muni d'un tube qui arrive jusqu'au fond de la cornue, afin de n'en pas salir les parois, et en y adaptant une allonge et un ballon. Cela fait, on procède à la distillation au bain de sable et on ne recueille que le tiers de l'huile introduite dans la cornue, si l'on veut l'avoir incolore et limpide; on l'obtiendrait colorée en en retirant davantage.

Cette huile, ainsi préparée, acquiert bientôt une couleur ambrée et finit par noircir, aussi demande-t-elle d'être conservée dans des bouteilles bien bouchées et à l'abri de la lumière. Quand elle est ainsi noircie on la rend incolore en la redistil-

lant. Au reste, pour si bien rectifiée qu'elle soit,
M. Planche s'est convaincu qu'elle pouvait être regardée comme une espèce de savonule à base d'ammoniaque, dont une once d'eau dissout dix gouttes, en en prenant l'odeur et la saveur.

On obtient maintenant une huile semblable, en
grand, dans les fabriques de charbon animal. On
remplit de grandes cornues de fer d'ossemens, dont
on a fait bouillir certaines parties pour en extraire
l'huile et la graisse: on les place dans de vastes
fourneaux et on les fait échauffer fortement pendant long-temps. Les produits liquides et gazeux
se rendent, par de grands tubes, dans un vaste
réservoir, et, lorsque l'opération est terminée et
que le tout est refroidi, on extrait le noir animal
des cornues, on enlève l'huile qui surnage l'eau
empyreumatique; on décompose le sous-carbonate
d'ammoniaque, qu'elle contient, par le sulfate de
chaux; on filtre la liqueur et l'on décompose le
sulfate d'ammoniaque qui s'y trouve par l'hydrochlorate de soude. Par l'évaporation et la subli-
mation on obtient de l'hydrochlorate d'ammoniaque (sel ammoniac) et le résidu est du sulfate de
soude. C'est ainsi qu'on fabrique maintenant le sel
ammoniac, en grand, dans les fabriques françaises,
anglaises, etc.

On purifie l'huile empyreumatique par la distillation et on l'obtient incolore et plus ou moins
pure; la grande quantité qu'on en retire est cause
qu'elle est maintenant à très bas prix.

Huile d'œufs.

De tous les procédés indiqués pour obtenir l'huile
d'œufs, celui de M. Henry nous ayant paru le meilleur, ce sera celui que nous allons décrire. On
choisit des œufs frais, on en tire les jaunes, qu'on
fait dessécher au bain-marie dans une bassine d'ar-

gent jusqu'à ce qu'on s'aperçoive que l'huile suinte entre les doigts par la pression ; en cet état on les place dans un sac de toile de coutil et on les soumet à la presse entre deux plaques de fer chauffées à l'eau bouillante. On filtre l'huile obtenue sur un filtre placé dans un bain-marie d'alambic; elle est alors citrine, très douce, d'une odeur analogue à celle du jaune d'œuf, insoluble dans l'eau, soluble dans l'éther en toutes proportions, et presque insoluble dans l'alcool; exposée au contact de l'air elle se décolore promptement, ce qui fait que les pharmaciens, qui veulent la conserver quelque temps, la distribuent dans de petits flacons hermétiquement fermés.

La théorie de cette opération est des plus simples; en effet, le jaune d'œuf se compose d'eau, d'albumine et d'huile douce. Quand on la soumet à l'action du calorique, dans la bassine, l'eau se volatilise, l'albumine se coagule et dès lors il est aisé d'en séparer l'huile par la pression.

Huile dite de pied de bœuf.

Cette huile a reçu improprement le nom d'huile de pied de bœuf, puisqu'on la prépare non seulement avec les pieds de bœuf, mais encore avec les ergots, les tendons, et généralement les os que l'on ramasse dans les rues, et qu'on fait bouillir longtemps dans de grandes chaudières et en plein air. Si l'on emploie les os qui portent le nom d'*os longs*, on coupe, avec une hache, l'extrémité de ces mêmes os qu'on met également dans la chaudière. Cette opération est d'autant plus nécessaire, que le liquide bouillant pénètre plus facilement alors dans le tissu osseux, et entraîne plus d'huile et de graisse. Lorsque l'ébullition a été long-temps soutenue, la graisse et l'huile, contenues dans les os, viennent nager à la surface de l'eau; on les enlève et on les place dans les cuviers où l'huile prend bientôt le dessus.

ÉTABLISSEMENS.

NOMBRE des établissemens.	VALEUR foncière ou capital de location.	VALEUR mobilière des établissemens.	MAIN-D'ŒUVRE — Nombre des ouvriers.	MAIN-D'ŒUVRE — Prix moyen de la journée de travail.	DÉPENSE ANNUELLE — MATIÈRES — Premières.	DÉPENSE ANNUELLE — MATIÈRES — Accessoires à la fabrication.	FRAIS GÉNÉRAUX.	TOTAL de la dépense annuelle de fabrication.
	francs.	francs.	nombre.	francs.			francs.	francs.
4.	20,000. 100,000.	80,000.	20.	2.	Paires de pieds, $\frac{1}{4}$ de vaches. Os, ergots et tendons. nombre. 100,000.	Houille. voies. 90.	Éclairage, usé des matières, frais de bureau, etc., à 2,500 fr. par établissement.	
Intérêts de la valeur foncière et mobilière des établissemens, à raison de 6 pour 100 l'an. 6,000 fr.			Salaire total des ouvriers, à raison de 1 fr. 50 c. par jour, de 330 jours de travail dans l'année. 13,200 fr.		Au prix moyen de 1 fr. 50 c. la paire, composée de 4 pieds. 130,000.	Au prix moyen de 55 fr. la voie. 4,950.	10,000.	164,150.

RECETTE.

PRODUITS — Plaques provenant d'ergots aplatis.	PRODUITS — Fabriques — Colle noire.	PRODUITS — Fabriques — Huile de pied de boeuf.	VALEUR totale des produits.
nombre.	kilogr.	kilogr.	francs.
800,000.	25,000.	33,333.	
	Au prix moyen de 1 fr. 50 c. le kilogr. 37,500.	Au prix moyen de 2 fr. 20 c. le kilogr. 73,333 fr.	193,628.

Résultat de la fabrication.

os
ronds et plats, pour dégraissage pour la tabletterie.

nombre.	kilogr.
400,000.	50,000.

85,000 à 20 fr.
121,000 à 12
152,000 à 9
160,000 à 6 } le cent.
165,800 à 4
103,600 à 3
11,800 à 2

Au prix moyen de 25 fr. le 100 d'os. 65,796 fr.

14,000 fr. Au prix moyen de 6 fr. les 100 kil. 3,000.

17,000 — 65,796 fr. — 176,628.

Bénéfice résultant de la comparaison du montant des dépenses totales avec celui de la valeur totale des produits.

Francs. Soit,

1°. A l'égard de la valeur totale des produits, 15,22 pour 100;
2°. A l'égard du montant des fonds nécessaires à l'exploitation de cette branche d'industrie, que l'on évalue à 36,000 fr.

29,478. — 81,88 pour 100.

OBSERVATIONS.

On recueille les pieds de boeuf des abattoirs de Paris, à un sixième près, qui vient des villes les plus voisines.

Produits fabriqués.

L'huile de pied de boeuf ne devrait être formée que des matières grasses; mais elle retient souvent de la gélatine. Lorsqu'elle est bien préparée, elle est précieuse pour les mécaniques, parce qu'elle ne laisse pas de crasse comme les autres huiles: les fabricans l'altèrent quelquefois avec d'autres huiles moins chères.

Les onglons aplatis ou plaques se vendent aux tabletiers pour préparer les peignes dits à chignon; la colle forte noire sert surtout pour la chapellerie.

Nota. Outre les quatre fabriques principales, quatre autres petites fabriques, situées dans quatre communes rurales du département, préparent quelque peu d'huile de pied de boeuf: les produits ne sont point compris parmi ceux qui font partie de ce tableau.

Cette huile a une odeur dégoûtante; elle sert à l'éclairage, et la graisse est plus particulièrement employée pour les voitures, de même que le cambouis. On a long-temps préparé cette huile dans divers faubourgs de Paris, et principalement dans les environs des rues *Copeaux* et *Gracieuse*; maintenant on l'obtient dans toutes les fabriques de charbon animal.

M. Denis de Montfort l'a purifiée en la filtrant à travers le charbon et le sable; il assure l'avoir rendue un si bon comestible, que madame la maréchale de Brissac la trouvait supérieure à toutes les autres huiles pour les fritures. Je joins ici le tableau de la quantité qu'on en fabrique dans le département de la Seine, ainsi que celui des dépenses et des bénéfices que cette fabrication donne; c'est à M. le comte de Chabrol qu'il est dû.

Huile de pied de bœuf véritable.

On prépare cette huile en faisant cuire dans l'eau les pieds de bœuf, que l'on a préalablement dépouillés de leur corne. Cette huile, ainsi obtenue, est liquide, jaunâtre et inodore; elle ne s'épaissit et ne se fige que difficilement, ce qui la rend précieuse pour les horloges et le graissage des mécaniques. On la conserve dans de grandes jarres où elle se dépure par le repos. On l'emploie comme aliment et plus spécialement pour les fritures; comme toutes les graisses animales, elle doit être formée d'oléine et de stéarine.

Huiles animales solides.

Beurre.

On prépare le beurre en abandonnant le lait à lui-même dans des terrines; peu de temps après il se rassemble à la surface beaucoup de crème qui se trouve composée de beurre en quantité, de matière caseuse et de sérum. On enlève cette crême et on la bat dans une baratte au moyen d'un long bâton à l'extrémité duquel on a placé un disque de bois. Par cette opération la crême se trouve changée en beurre et en lait de beurre. Celui-ci est une liqueur blanche formée par le sérum qui tient en suspension du caséum et du beurre. Lorsqu'on s'aperçoit que cette séparation est parfaite, on sépare le beurre, on le lave à grande eau, en le malaxant, jusqu'à ce qu'elle reste incolore; malgré cela le beurre retient constamment un peu de ces deux substances qu'on ne peut en séparer que par la fusion.

Le beurre est blanc ou jaune, d'une consistance plus ou moins forte, d'une saveur agréable, insoluble dans l'eau, se rancissant par le contact de l'air; 100 parties d'alcool bouillant en dissolvent 3,46. Ce menstrue en sépare successivement un principe colorant, un principe aromatique, de l'acide butirique, de la stéarine et deux huiles, la butirine et l'oléine. Nous avons fait connaître l'oléine; nous allons parler de la butirine.

Butirine. Découverte par M. Chevreul dans le beurre. Elle est presque toujours colorée en jaune, d'une odeur de beurre chaud, fluide à 19°, congelable à o, sans action sur le tournesol, insoluble dans l'eau, soluble en toutes proportions dans l'alcool bouillant et à 0,822. Elle se saponifie aisément et se convertit en glycérine et en acides butirique, caprique, margarique et oléïque qui s'unissent à l'alcali.

Des graisses.

La graisse existe dans le tissu de tous les animaux, principalement sous la peau près des reins, dans l'épiploon, etc. Elle est blanche ou jaunâtre, tantôt odorante et souvent inodore, d'une consistance qui varie suivant les animaux, leur âge et les parties d'où on l'a extraite; elle est d'une saveur douce et fade, plus légère que l'eau, sans action sur le tournesol, plus ou moins fusible, s'altérant à l'air et acquiert une odeur et une saveur rances; insoluble dans l'eau, soluble en partie dans l'alcool qui s'empare de l'oléine. La graisse forme avec les alcalis et les oxides, tels que la baryte, la chaux et la strontiane, et ceux de zinc et de plomb, des espèces de savons.

Les graisses, quoique étant des produits immédiats du règne animal, ne contiennent pas un atome d'azote, tandis qu'un grand nombre d'huiles douces en donnent à l'analyse; à cela près, leur composition, c'est-à-dire leurs principes immédiats, sont les mêmes. Les graisses sont donc composées d'oléine et de stéarine, et c'est des proportions de cette dernière que dépendent leur mollesse et leur fusibilité. Nous allons maintenant jeter un coup d'œil sur les principales graisses.

Graisse de porc, axonge ou sain-doux.

Cette graisse est blanche, inodore, molle, fusible à 27 C°, et insoluble dans l'eau; 100 parties d'alcool bouillant en dissolvent 2,80 qui sont de l'oléine. Traitée par les solutions alcalines caustiques; elle se convertit en glycérine et en margarate, oléate et stéarate de ces bases qui, par leur union, constituent les savons. L'axonge, telle qu'on l'extrait de l'animal, porte le nom de *panne;* elle est enveloppée de membranes et de portions de tissu cellulaire. On la débarrasse de ces membranes, on la coupe à petits morceaux et on lui enlève un peu de sang qu'elle contient en la malaxant dans de l'eau jusqu'à ce que ce liquide reste clair. En cet état on la fond, à un feu doux, avec un peu d'eau; on la laisse refroidir, et on l'enlève

couche par couche pour la séparer de l'eau qui
reste au fond de la bassine. Pour achever de l'en
dépouiller, on la fond de nouveau, au bain-marie,
afin de vaporiser le peu d'eau qu'elle peut contenir,
et lorsqu'après l'avoir agitée, on en jette un peu
dans le feu, et qu'on s'aperçoit qu'elle ne pétille
point, on la retire du bain-marie et on la coule
dans les pots, dès qu'elle commence à se figer. C'est
de cette manière que l'on purifie toutes les graisses.

Le sain-doux est composé, d'après M. Chevreul, d'oléine et de stéarine; quant à ses principes élémentaires, ils sont, d'après le même chimiste, dans les proportions suivantes :

Hydrogène. .	11,146
Oxigène . . .	9,756
Carbone . . .	79,098
	100,000

D'après M. de Saussure.

Carbone . . .	78,843
Hydrogène. .	12,182
Oxigène . . .	8,502
Azote.	0,473
	100,000

Il y a une très grande différence dans les résultats de ces deux analyses, surtout dans les proportions du carbone; en faisant cette observation,
nous ajouterons que tous les chimistes s'accordent,
avec M. Chevreul, à ne plus admettre l'azote
parmi les principes constituans des graisses.

L'axonge est employée comme aliment; dans
les arts elle sert dans la corroierie, la hon-
groierie, l'éclairage, etc.; dans la pharmacie, elle
est la base de certains onguens et pommades, et
principalement de celles qu'on regarde comme cos-

métiques. On en fabrique aussi des savons durs de la plus grande beauté.

Graisse de mouton ou suif.

Cette graisse diffère de la précédente en ce qu'elle est plus ferme ; elle est inodore ou très peu odorante, insipide, cassante, quand elle est bien pure, insoluble dans l'eau et si peu dans l'alcool que 100 parties n'en dissolvent que 2,26, dont la plus grande partie est de l'oléine. C'est la graisse la plus riche en stéarine.

On extrait le suif des reins et autour des viscères mobiles, etc., du bœuf, du cerf, du bouc, du mouton, etc.; il est bon de faire observer que ces divers suifs présentent quelques légères différences dans leur consistance, leur couleur et leur combustibilité ; celui du mouton est le plus blanc et le plus beau. On le prépare et on le purifie comme la graisse de porc.

Ce serait ici le cas de rendre compte des recherches que M. Braconnot a entreprises sur le suif, et que l'on trouve insérées dans le tome 1er du *Journal de Pharmacie*; mais comme l'examen des graisses ne doit être regardé que comme un accessoire de notre travail, nous le passerons sous silence. Nous nous bornerons donc à dire que M. Chevreul regarde le suif de mouton comme composé de stéarine, d'oléine et d'un peu d'hircine; quant à ses principes élémentaires il donne les proportions suivantes :

Carbone 78,996
Hydrogène. . . 11,700
Oxigène 9,304
                —————
                100,000

Graisse ou suif de bœuf.

Ce suif diffère du précédent par une légère couleur jaunâtre; il est ferme, cassant, fusible à 40° centig.; insoluble dans l'eau et soluble dans 40 d'alcool bouillant. Mêmes propriétés et mêmes constituans que celui du mouton.

Graisse médullaire du bœuf.

Cette espèce de graisse est d'un blanc bleuâtre, d'une saveur et d'une odeur fades; elle est fusible à 45° centig.; elle est composée de :

Suif. . .	76 parties.
Huile . .	24
	100

Cette huile a une odeur désagréable et est presque incolore.

Graisse humaine.

Elle est plus ou moins fluide, suivant les proportions de stéarine dont elle est formée; elle est jaunâtre, d'un goût faible, plus ou moins odorante, et fait ordinairement la vingtième partie du corps humain; 100 parties d'alcool à froid en dissolvent 2,48. Avec les alcalis elle donne un savon ferme. M. Chevreul s'est convaincu qu'un savon de graisse, qu'il avait fabriqué avec celle du sein d'une femme, décomposé par l'eau, donnait une odeur de fromage, tandis qu'un autre, préparé avec de la graisse de cuisse, n'avait pas cette odeur. La graisse humaine est presque aussi riche en stéarine que le suif de mouton.

La graisse humaine varie suivant les parties du corps où elle se trouve; ainsi, elle est plus ferme aux environs des reins et sous le tissu cutané, tandis qu'entre les fibres musculaires elle coule même presque comme une huile à demi figée ; près des viscères mobiles, tels que le cœur, l'estomac et les intestins, autour des articulations et dans l'intérieur des capsules corticulaires elle est comme grenue, etc. L'âge apporte aussi beaucoup de variations dans la graisse ; dans le fétus c'est une espèce de gélatine, à laquelle succède un peu de graisse grenue, dont la quantité augmente promptement après la naissance et dans le printemps de la vie ; celle de la peau conserve long-temps sa couleur blanche, mais elle jaunit quand on vieillit ; chez les femmes elle est beaucoup plus molle que chez l'homme. C'est à quarante ans que l'espèce humaine a le plus de graisse ; le corps se trouve alors dans une espèce de cachexie graisseuse ; après ce temps elle diminue peu à peu et dès-lors la peau, qu'elle tenait distendue, devient ridée. Les vieillards ont peu de graisse, mais elle est dure et d'un jaune foncé qui, parfois, se rapproche de la couleur brune. On observe les mêmes faits chez les animaux.

Une surabondance graisseuse peut déterminer plusieurs affections morbifiques ; dans quelques circonstances elle a augmenté le poids de l'homme qui va de quatre-vingts kilogrammes jusqu'à trois cents. Dans le plus grand nombre de maladies elle fond et disparaît en grande quantité ; il semble qu'alors la nature l'ait déterminée à servir de nourriture au corps pour suppléer au défaut d'alimens. Ce qui semble venir encore à l'appui de cette assertion, c'est que les loirs et les marmottes, qui sont très gras, sortent de leurs trous très maigres, après qu'ils cessent d'hiverner.

En général la graisse des mammifères diffère peu de celle de l'homme. Voici un aperçu des différences qu'elles offrent entre elles.

. ,1°. La graisse des herbivorés et des frugivores est plus ferme que celle des carnivores. '

. 2°. Celle des oiseaux est douce , fine , très fluide et onctueuse.

3°. Celle des poissons est fluide.

4°. Celle des insectes , des mollusques et des vers est par petits pelotons ; elle est plus rarement sous leur peau qu'autour des vicères du bas-ventre.

Nous allons terminer cet aperçu sur les graisses en indiquant la quantité de matières saponifiée et soluble dans lesquelles 100 parties de chacune des quatre graisses que nous avons indiquées , peut se convertir, d'après M. Chevreul.

Graisse de porc.

Partie saponifiée... .94,7
Matière soluble. . . 5,3
—————
100,0

Graisse de mouton.

Partie saponifiée. . 95,1
Matière soluble. . - 4,9
—————
100,0

Graisse de bœuf.

Partie saponifiée. . 95
Matière soluble _ . . 5
—————
100

Graisse humaine.

Partie saponifiée . . . 95
Matière soluble. . . 5
—————
100

Sous ce rapport la graisse humaine se rapproche beaucoup de celle du bœuf; quant à la disso-
lubilité de la stéarine de ces graisses dans l'alcool,
100 parties de ce mentrue, d'une densité de 0,7952,
bouillant, dissolvent :

Stéarine de bœuf. . . .   15,48.
—   de mouton . .   16,07
—   de porc. . . .   18,25
—   humaine . . .   21,50

Il y a, une différence de solubilité dans toutes les stéarines, ce qui suppose une différence
de composition ; celle d'oie est d'autant plus remarquable que la même quantité d'alcool en dissout 36.

M. Raspail a lu un mémoire sur l'étude physio-
logique des graisses dans leur analogie avec la fécule des végétaux.

Si l'on déchire, sous un filet d'eau, un morceau
de graisse ferme, il s'en échappe des myriades de
granules qui se rassemblent à la surface de l'eau ;
si l'on jette sur un filtre et qu'on laisse sécher ces
granules ils se présentent à l'œil comme une poudre amylacée, mais ne réfléchissant pas la lumière
d'une manière aussi cristalline que les grains de
fécule. En agitant ensuite ce qui est resté sur le
filtre, dans l'alcool, on voit tous ces granules tomber au fond du liquide, comme la fécule se dépose
au fond de l'eau.

Les granules de graisse observés au microscope
affectent souvent des formes tellement cristallines
que, par réflexion, on serait tenté de les prendre
pour des fragmens de quartz; ces facettes proviennent de leur compression mutuelle. Les granules
de graisse de porc s'offrent, au contraire, comme
de gros grains réniformes de fécule avec un pédi-
cule considérable, que M. Raspail appelle le
hile, et qu'il a trouvé sur tous les granules végé-

taux qu'on avait cru isolés. Ce *hile* est le point par lequel le globule tenait à la membrane qui le renferme.

Le tissu adipeux se compose, d'après les recherches de M. Raspail, comme il a décrit le tissu cellulaire végétal, c'est-à-dire, de cellules dans le sein desquelles sont nées d'autres cellules, et ainsi de suite jusqu'aux granules de graisse, qui ne sont que des cellules infectées de substance grasse, et dont la structure est absolument analogue à celle d'un grain de fécule. Ils se composent, comme la fécule, d'un tégument externe et d'un tissu cellulaire interne, dont les cellules renferment immédiatement la substance graisseuse. En faisant bouillir ces granules dans un grand excès d'alcool, les tégumens restent insolubles, et, en se précipitant lentement par le refroidissement, ils représentent la stéarine, mais stéarine absolument infusible, quand on l'a obtenue d'un état suffisant de pureté.

Huile de poisson.

On extrait des poissons, et plus particulièrement des cétacés, une sorte de graisse fluide qui porte le nom d'huile, avec le nom du poisson d'où on l'a extraite. Quoique le blanc de baleine ne soit pas, à proprement parler, une huile, cependant comme elle en contient et qu'elle s'y rattache par quelques uns de ses caractères, nous avons cru devoir en faire mention.

Blanc de baleine.

Cette substance se trouve dans le tissu cellulaire qui est interposé entre les membranes du cerveau de diverses espèces de cachalot, particulièrement du *physeter macrocephalus*, mêlée avec une huile liquide dont on en sépare la majeure partie au moyen d'un sac de laine. Suivant Thomson on purifie le blanc de baleine, en le traitant avec une lessive alcaline, par l'ébullition.

Le blanc de baleine est solide, d'un blanc nacré, doux au toucher, tachant, fusible à 44° C°, insoluble dans l'eau, soluble dans environ 18 parties d'alcool bouillant et se déposant en partie, par le refroidissement, en lames cristallines; il est sans action sur le tournesol, ne se saponifiant qu'en partie et donnant à la distillation de l'eau acide et un produit solide cristallisé qui en fait les 0,9 en poids.

M. Chevreul l'a trouvé composé de cétine et d'une huile fluide à 18°; quant à ses principes élémentaires, M. Berard les a trouvés être de

Carbone. 81
Hydrogène. 13
Oxigène , ... 6
                                   ___
                                   100

D'après M. de Saussure, il serait composé de

Carbone 75,474
Hydrogène. 12,795
Oxigène 11,377
Azote 0,354
                                _____
                                100,000

Huile de dauphin.

Cette huile s'extrait à la chaleur du bain-marie, du dauphin, *delphinus globiceps*. Elle est contenue dans les tissus de ce cétacé; sa couleur est légèrement citrine, et son odeur se rapproche de celle du poisson; son poids spécifique est de 0,9178, sa densité étant 20°; 110 parties de cette huile se dissolvent dans 100 d'alcool à 0,812 et à une température de 70° C°. Cette solution est sans action sur la teinture du tournesol.

L'huile de dauphin exposée à un froid de 3°—o se sépare en une substance cristalline, et en une huile qui se fige à 2° + o. La matière cristalline a beaucoup d'analogie avec la cétine.

Cette huile paraît formée d'oléine, de phocénine et d'un peu d'acide phocénique.

Huile de marsouin.

On retire cette huile de la même manière que la précédente, du *delphinus phocæna*. Elle est jaunâtre, d'une odeur de sardine fraîche, d'un poids spécifique égal à 0,937 à 16°, sans action sur le tournesol, soluble dans l'alcool et saponifiable par les alcalis.

Cette huile est composée d'oléine, de phocénine, d'un principe colorant orangé, d'un principe odorant et d'acide phocénique.

Huile de poisson du commerce.

Cette huile s'extrait de divers poissons, particulièrement de ceux qui appartiennent à la classe des cétacés, en faisant chauffer les divers tissus dans l'eau, à la chaleur du bain-marie. L'huile, qui vient nager à la surface, est coulée à travers une toile et versée dans les tonneaux après que l'on en a séparé, par le repos, une substance solide, blanche, qui a beaucoup d'analogie avec la stéarine. Cette huile est fluide, incolore, et tantôt d'un brun rougeâtre, d'une odeur désagréable, et se saponifiant assez bien, surtout quand on l'unit à l'huile d'olive. D'après M. Chevreul, elle est formée d'oléine de stéarine et de deux principes odorant et colorant, d'où l'on voit qu'elle a la plus grande analogie avec les huiles fixes.

Ses principes élémentaires sont, d'après M. Berard,

Carbone 79,65
Hydrogène 14,35
Oxigène. 6

100

Cette huile est susceptible d'être épurée.

Huile dite oleum jecoris aselli.

Tel est le nom que le docteur Scherer donne à l'huile qu'on obtient, en Norwège, du foie de la morue (*gadus asellus*) qu'on laisse putréfier. Quelques praticiens regardent et emploient cette huile, en Allemagne, comme un puissant remède contre les affections goutteuses, rhumatismales et le rachitis; on la donne à l'intérieur par cuillerées à bouche.

§. II.

Huile minérale.

Quoique, rigoureusement parlant, il n'existe point d'huile minérale, et que toutes les huiles connues soient des produits des êtres organiques, cependant l'on donne ce nom à celles qui sont des productions naturelles, c'est-à-dire qu'on trouve toutes formées au sein ou à la surface de la terre, et qui paraissent dues à la décomposition des substances végétales. Ces huiles doivent être regardées comme étant de nature bitumineuse et ne différant entre elles que par les proportions d'asphalte, comme nous le dirons bientôt. Nous allons décrire les deux qui, par la proportion de leurs principes, constituent les diverses variétés de quelques bitumes.

Huile de naphte ou bitume naphte.

Le naphte existe plus ou moins pur à la surface ou dans le sein de la terre dans quelques localités, principalement sur les bords de la mer Caspienne, près de Bakou; il se dégage, du sol qui le recouvre, des vapeurs inflammables que les naturels enflamment pour faire cuire leurs alimens. Il suffit de creuser des puits de 10 mètres de profondeur, et à une distance d'environ 300 mètres, pour y recueillir beaucoup de naphte. Dans la Perse et dans la Médie, cette huile s'exsude de certaines argiles blanches, jaunes ou noires; on en trouve encore en Amérique, en Allemagne, en Italie, dans la Calabre, en Suède, etc. La source qui fut découverte en 1802, dans le duché de Parme, fut employée à l'éclairage de cette ville.

L'huile de naphte pure est transparente, aussi fluide que l'alcool; celle qu'on trouve dans la nature, a une teinte jaunâtre plus ou moins prononcée; elle est presque insipide, grasse au toucher, d'une légère odeur bitumineuse agréable, inaltérable à l'air et à la lumière, d'un poids spécifique qui varie depuis 0,876 jusqu'à 0,708, suivant les quantités d'asphalte qu'elle contient. Le naphte bout, quand il est pur, à 85° et demi, son poids spécifique étant d'environ 0,7, tandis qu'il faut une température plus élevée suivant qu'il contient d'asphalte. Ainsi, celui de Perse n'entre en ébullition qu'à 160 c°. Soumis à la distillation, il passe sans s'altérer, et laisse l'asphalte pour résidu; c'est le moyen dont on se sert pour le purifier. Si la température, à laquelle on l'expose dans un vaisseau fermé, n'est que d'environ 35°, il se sublime un quart de son poids de cristaux incolores, minces, transparens, éclatans, en lames rhomboïdales, qui sont ordinairement tronquées à leurs angles aigus et sont inflammables, inaltérables à l'air et insolubles dans l'eau. Ces cristaux ont une odeur très forte de benjoin et d'empyreume ; leur nature n'a pas encore été bien déterminée. Si l'on se contente d'approcher un corps enflammé du naphte, il s'enflamme aussitôt, à l'instar des huiles volatiles. Les acides minéraux, de même que la potasse et la soude, n'exercent qu'une action très faible sur cette huile, tandis que le chlore la rend moins fluide, moins inflammable et moins volatile, en se convertissant lui-même en acide hydro-chlorique.

Le naphte est soluble en toutes proportions dans l'alcool absolu, l'éther sulfurique, le pétrole et les huiles fixes et volatiles ; porté à l'ébullition, il dissout $\frac{1}{12}$ de son poids de soufre, $\frac{1}{15}$ de phosphore, $\frac{1}{8}$ d'iode, beaucoup de résine et de camphre, de la cire en toutes proportions, etc.

M. Théodore de Saussure, qui a analysé le naphte, l'a trouvé composé de

Carbone 87,60
Hydrogène 12,78

M. Thomson a analysé aussi du naphte, qui provenait de la Perse, dont la densité était de 0,753 et le point d'ébullition à 160° cent., il l'a trouvé formé de

Carbone 82,2
Hydrogène 14,8
Peut-être un peu d'azote.

M. de Saussure s'est livré à une série d'expériences sur le naphte d'Amiano, dans le duché de Parme, d'après lesquelles il a reconnu que cette huile, dont la densité est 0,836, ne pèse que 0,758 à 19° lorsqu'on l'a distillée trois fois et qu'on n'a pris que les premières portions du produit ; en cet état, sa densité reste la même, quel que soit le nombre de fois qu'on la redistille.

Nous avons déjà dit que le naphte uni à l'asphalte constitue, suivant les proportions, l'huile pétrole ou divers bitumes (1). Quand le naphte prédomine, il en résulte un composé liquide, connu sous le nom de pétrole; quand c'est l'asphalte, ce sont des bitumes appelés *malthe*, *pissalphalte*, *goudron minéral*, *goudron des Barbades*, etc.

Huile pétrole.

L'huile pétrole existe en grande quantité dans l'Inde, en Transylvanie, à la surface de la mer qui avoisine les îles volcaniques du cap Vert, en Italie (2), en Transylvanie, en Sicile, près de Neufchâtel, et en France; on en trouve près de Clermont, sur quelques points des bords de l'Isère, et à Gabian, petit village situé à une lieue et demie de Béziers. Plusieurs voyageurs ont parlé des

---

(1) L'*asphalte*, *bitume de Judée*, ou *poix juive*, est noir ou brun, solide, dur, cassant, à cassure polie, très fusible, insoluble dans l'alcool, lorsqu'il est pur, très combustible et laissant un résidu qui va jusqu'à 0,15, et d'un poids spécifique qui varie de 1,104 à 1,205. On en recueille, dit-on, à l'état liquide, sur la surface de la mer morte; avec le temps il se dessèche et durcit. On en trouve aussi enfoui dans la terre en Amérique, à la Chine, dans l'île de la Trinité et en France, dans les montagnes de Carpathian, etc.

(2) Dans plusieurs parties de l'Italie, principalement dans les duchés de Modène, de Parme et de Plaisance, on fait un grand usage de cette huile pour l'éclairage. On en connaît trois espèces à Modène; la première, qui paraît être du naphte, est très claire, très fluide, et presque sans couleur; elle est d'une odeur vive et pénétrante, sans être désagréable; la seconde est d'un jaune clair, moins fluide et moins odorante: c'est du naphte moins pur; la troisième est rouge noirâtre, plus consistante, et d'une odeur un peu désagréable. Celui-ci est, à proprement parler, l'huile de pétrole.

sources de pétrole dans l'Inde; nous croyons faire plaisir à nos lecteurs en leur faisant connaître les principales; celles d'Yananghoung, sur lesquelles nous n'avons d'autres données que celles que nous a transmis le capitaine Cox.

L'huile pétrole est connue de temps immémorial; les Grecs la désignaient par le nom de πετρέλαιον, c'est-à-dire huile de pierre, ἔλαιον Μηδείας, huile de Médée, parce qu'ils croyaient que Médée avait trempé la robe qu'elle envoya à Glaucé, dans l'huile de pétrole qu'on trouve aux environs de Babylone, et qu'ils nommaient ναφθα : les naturalistes lui donnent encore ce nom. Les Latins l'avaient désignée par celui de *petroleum*, les Italiens de *petroglio*, et les Anglais de *petroly*, *rok-oil*. Après cette courte digression sur la connaissance de l'huile de pétrole, nous allons passer à l'examen de celle qui fait l'objet de cette notice.

Yananghoung ou Raynanghoung, est une petite ville de l'empire des Birmans, située sur le fleuve dit l'*Erawaddy*, à 50 lieues S. O. de la capitale qu'on appelle Amarapoorah, et à 80 N. E. de Pégu. Les puits de pétrole sont à huit milles de cette ville ; on y arrive par un chemin tracé par la nature, au milieu de dunes arides sur lesquelles végètent quelques euphorbes. Ces puits n'offrent pas d'ensemble symétrique; ils sont à une distance, les uns des autres, de trente à quarante verges. A environ trois milles du fleuve, on trouve cent quatre-vingts puits d'huile de pétrole, et au N. E. et à environ quatre à cinq milles plus loin, on rencontre l'orifice des principaux puits, dont la forme est presque toujours quadrangulaire jusqu'à la base. Lorsque l'on commence à creuser le sol, on trouve une terre sablonneuse et légère parsemée de fragmens siliceux, à laquelle succèdent des couches minces d'une argile dure. Lorsqu'on est arrivé à une profondeur de trente pieds, l'on rencontre une argile d'un bleu pâle, imprégnée d'huile, qui repose sur des bancs de schiste et d'ardoise; lorsqu'on est arrivé de cent dix à cent trente pieds, on trouve une houille sulfureuse et pyriteuse; on continue à creuser jusqu'à ce que l'on rencontre l'huile. Cette profondeur est plus ou moins considérable; elle est quelquefois de deux cent cinquante pieds, depuis la surface de la terre. Les mineurs, au fur et à mesure qu'ils creusent le terrain, en revêtent les parois avec des planches de cassiers, de six pieds de longueur, six pouces de largeur, et deux d'épaisseur, qu'ils joignent solidement et qu'ils clouent ensemble. Il arrive souvent que les ouvriers sont asphyxiés; malgré cela ils ne prennent aucune précaution pour obvier à ce malheur. Il est très rare que l'eau filtre dans ces puits; les couches schisteuses et argileuses s'opposent au passage des eaux pluviales; lors des pluies ils couvrent soigneusement ces puits (1).

L'huile est livrée au commerce telle qu'on l'extrait de ces puits; elle est plus épaisse en hiver, quand on la laisse exposée au contact de l'air; elle est d'un vert foncé, d'une odeur forte et présente toutes les propriétés qui sont communes aux huiles de pétrole extraites de diverses localités. Chaque puits occupe quatre hommes, qui reçoivent pour salaire, ordinairement, le sixième de cette huile; le gouvernement en perçoit, pour ses droits, le dixième. Chacun de ces puits donne journellement environ 1800 livres pesant d'huile, qu'on vend sur les lieux au prix modique de cinq quarts de tacal, ou 4 francs 7 sous et demi les 365 livres pesant. En

_____

(1) Ce fait est facile à concevoir, puisqu'il a également lieu dans les mines de charbon de Witby, malgré qu'elles soient au-dessous de la mer, et qu'elles n'en soient séparées que par une couche de terre de 50 pieds d'épaisseur.

déduisant les divers frais d'exploitation, les puits rapportent, année commune, l'un dans l'autre, environ 1000 tacals ou 3,500 fr.

Ces puits sont très nombreux; on en trouve 520 inscrits sur les régistres de l'empire. Cette huile est transportée dans de petites jarres sur les bords de l'Erawaddy, où elle se vend 2 tacals les 365; elle a déjà augmenté de trois dixièmes de sa valeur. On estime que chaque puits fournit par an 173 tonnes du poids de 955 livres, chacune de la capacité de 65 gallons; or, comme il y a 520 puits d'inscrits, cela donne 89,960 tonnes d'huile, dont la valeur, vendue sur les lieux, et déduction faite de cinq pour cent pour dégât et pertes, peut être évaluée à 1,081,360 tacals ou 3 millions 886,510 fr.

L'huile pétrole, avons-nous dit, est une combinaison du naphte avec l'asphalte; elle est moins fluide que le naphte, d'une couleur brune plus ou moins foncée ou bien noirâtre; presque opaque; d'une odeur forte, désagréable, elle est insoluble dans l'eau et l'alcool; donne par la distillation du naphte et un résidu bitumineux, qui est de l'asphalte plus ou moins altéré; elle s'unit avec les huiles douces en toutes proportions, dissout les résines et la cire, etc.; son poids spécifique est, d'après Kirwan, de 0,878.

Cette huile est employée pour l'éclairage, et en médecine comme vermifuge, etc. M. de Saussure a entrepris un travail sur son épuration que nous avons décrit dans la partie qui traite de cet objet.

APPENDICE.

Pendant l'impression de cet ouvrage il a paru un mémoire très intéressant de M. Lescalier, sur l'action du nitrate de mercure liquide et de l'acide nitrique sur les huiles fixes, la cire et l'huile de térébenthine; il résulte de ces expériences:

1°. Que par l'action de l'acide nitrique l'huile d'olive du commerce et celles de pavot et d'amandes douces, acquièrent une couleur citrine et une consistance égale à celle du suif ;

2°. Que la consistance que prennent celles de lin et de noix, est la moyenne entre la graisse et. l'huile ;

3°. L'huile de poisson, traitée, de la même manière, par l'acide nitrique, est devenue d'un jaune brun, sans cesser d'être liquide, tandis que cette opération, faite avec le nitrate de mercure liquide, lui a donné la consistance de l'onguent mercuriel double ;

4°. Le suif, sur lequel on a fait agir l'acide nitrique, a contracté une couleur jaune ; par le nitrate de mercure, cette couleur à été un peu plus pâle, et sa consistance la même ;

5°. La cire jaune, en ébullition dans deux onces d'eau contenant deux gros d'acide nitrique, la décolore sensiblement ; depuis plus de quatre ans j'avais fait connaître ce fait moi-même dans le *Journal de pharmacie* ;

6°. L'huile de térébenthine, traitée par le nitrate mercuriel liquide un peu chaud, a pris aussitôt une couleur jaune, et a laissé déposer un mélange d'huile altérée et de mercure réduit, dont la consistance est égale à celle de l'onguent mercuriel ;

7°. Les huiles de lin et de noix, traitées à froid par le nitrate mercuriel, n'éprouvent pas de changement sensible dans la consistance ni dans la couleur ; à chaud, l'oxide de mercure abandonne l'acide nitrique, s'empare du mucilage et de la substance siccative, se dépose en flocons d'un jaune gris, qui se réunissent en une masse tenace, laquelle, étant chaude, se malaxe comme un emplâtre, et à froid devient friable et se pulvérise entre les doigts ;

8°. Lorsqu'on prépare la pommade citrine avec

le nitrate de mercure liquide et l'huile d'olive, c'est à l'acide nitrique excédant et non à ce sel que l'on doit attribuer la couleur jaune et la consistance que prend l'huile d'olive. D'après ces faits, M. Lescalier et M. Planche recommandent de préparer la pommade citrine, avec la graisse oxigénée et l'huile d'olive. Voici les proportions que le premier indique.

Pommade citrine.

Huile d'olive. . . . . 2 onces.
Acide nitrique. . . . . . 2 gros.
Mercure. . . . . 1 gros et demi.

On fait dissoudre le mercure dans l'acide nitrique, et l'on verse cette dissolution dans l'huile, qu'on entretient à une douce chaleur, jusqu'à ce qu'elle soit devenue jaune; on la retire alors du feu et on la remue sans cesse; dès qu'elle est assez consistante, on la coule : cette pommade, ainsi préparée, est semblable à celle avec le sain-doux.

Pommade oxigénée.

Huile d'olive. . . . . 2 onces.
Acide nitrique. . . . . . 2 gros.

Versez l'acide dans l'huile, faites chauffer un peu plus que pour la précédente opération, et terminez-la de même.

Nous ne pousserons pas plus loin l'analyse du travail de M. Lescalier, qu'il a étendu aux huiles d'amandes douces, de lin, de poisson, au suif, etc.

La substitution de l'huile d'olive au sain-doux peut être très avantageuse dans les pays où l'on récolte beaucoup de cette huile, parce que le prix en est inférieur à celui de la graisse de porc.

Il paraît que l'huile d'olive, en s'unissant à quelques autres corps et en vieillissant, s'épaissit.

Nous parcourions, avec M. Queneville fils, des produits de l'ancien laboratoire de M. Vauquelin, qui ont environ trente ans, et nous avons trouvé de l'huile d'olive chargée de la partie colorante de l'orcanette, qui avait acquis une consistance et un aspect analogues aux huiles fixes, sans avoir cependant abandonné le principe colorant.

CINQUIÈME PARTIE.

Huiles volatiles.

DE tous les produits immédiats des végétaux
les huiles volatiles sont celles dont on trouve le
plus d'espèces. Tout porte à croire qu'elles sont
le principe odorant de la plupart des plantes.
Sous ce point de vue il est aisé de calculer combien leur nombre est considérable. On les trouve
tantôt dans toutes les parties du végétal, tantôt
seulement dans les feuilles, dans les fleurs, dans
les écorces des bois et des fruits, ou dans les enveloppes des semences, et non dans les cotylédons.
Elles se distinguent des huiles douces par leur vo-
latilité, leur odeur, qui est plus ou moins forte,
suave, piquante ou désagréable, et par la propriété qu'elles ont de ne pas laisser des taches sur
le papier. Ces huiles ont une saveur âcre et brûlante ; elles sont incolores ou colorées diversement,
comme on le verra dans le tableau ci-joint ; elles
sont plus légères que l'eau, à l'exception de celles
de cannelle, de girofle, de sassafras et de moutarde ;
elles sont congelables à diverses températures ;
quelques unes acquièrent de la viscosité à la température ordinaire et deviennent même solides,
comme celles d'anis, de fenouil, etc. Brugnatelli
annonça, il y a environ dix-huit ans, que les huiles
volatiles, en s'épaississant par le contact de l'air,
se convertissaient en une résine et en acide acétique, et que quelques unes donnaient lieu à la formation d'un acide susceptible de cristalliser, lequel se rapproche de l'acide benzoïque, avec cette
différence, cependant, que cet acide est attaqué à
chaud par l'acide nitrique. Tout récemment M. Bizio, ayant exposé les huiles essentielles à des tem-

pératures plus ou moins basses, est parvenu à les figer et à en séparer deux principes semblables à l'oléine et la stéarine : il leur a donné le nom de *séreusine* et *igrusine*. Voici quelques unes des propriétés de ces deux substances.

La séreusine des huiles d'anis, de fenouil et de roses est solide à + 10 R, tandis que celle des huiles de cédrat, de lavande, de mélisse, de menthe, d'orange, de valériane, ne l'est qu'à — 16 ; elle cristallise tantôt en écailles, comme l'acide borique, et plus souvent en aiguilles prismatiques : celle des huiles d'anis, de fenouil et de roses se dissout dans l'alcool, et cette solution se solidifie quand on l'expose à une température de 10 à 12 — o ; par l'évaporation, elle cristallise par le refroidissement ; quand on expose la séreusine à l'air, elle durcit et exige une température plus élevée pour se fondre, etc.

L'igrusine reste fluide aux degrés de froid les plus forts ; elle se dissout dans l'alcool et passe à la distillation avec lui. Pour de plus grands détails, je renvoie à la note que j'ai publiée en juillet 1827, dans le *Journal de Chimie médicale*. Les huiles volatiles brûlent avec une flamme brillante, en répandant beaucoup de fumée. Mises en contact avec l'eau ou le gaz oxigène, elles absorbent ce dernier gaz, acquièrent une consistance solide, et se convertissent en substances résinoïdes. Cette absorption varie suivant les huiles et donne lieu à une production de gaz acide carbonique, suivant M. de Saussure.

Un volume d'huile d'anis concrète a absorbé, dans deux ans, 159 fois son volume de gaz oxigène et produit 56 volumes de gaz acide carbonique.

Un volume d'huile de lavande en a absorbé, en quatre mois d'hiver, 52 volumes, et a produit 2 volumes d'acide carbonique, sans que, dans aucun cas, il y ait eu aucune trace d'eau formée.

TABLEAU DES PRINCIPALES HUILES VOLATILES.

NOMS DES PLANTES.	PARTIES QUI LES FOURNISSENT.	HUILES.	COULEUR.
Arthemisia absinthium............	feuilles........................	d'absinthe...............	verte.
Adropogon schœnantum..........	racines........................	de schœnante............	brune.
Apium petroselinum............	id............................	d'ache.................	jaune.
Anethum graveolens.............	semences....................	d'anet.................	id.
Inula helenium.................	racines......................	d'aunée...............	blanche.
Acorus calamus................	id...........................	de roseau odorant........	jaune.
Myrthus pimenta..............	fruit........................	de piment †.	id.
Angelica archangelica...........	racines et semences..........	d'angélique.	id.
Pinpinella anisum.............	semences	d'anis.................	blanche.
Illicium anisatum.............	id...........................	d'anis étoilé ou badiane....	brune.
Arthemisia vulgaris............	feuilles	d'armoise..............	
Citrus aurantium..............	écorce du fruit..............	de bergamote............	jaune.
Melaleuca leucodendra..........	feuilles.....................	de cajeput.	impure verte et pure jaune.
Eugenia caryophyllata..........	capsules	de myrthe †	jaune.
Carum carvi.................	semences	de carvi...............	id.
Amomum cardamomum.........	id...........................	d'amomum.............	id.
Carlina acaulis...............	racines		blanche.
Scandix cerefolium............	feuilles	de cerfeuil.............	jaune de soufre.
Matricaria chamomilla..........	pétales	de camomille...........	bleue.
Laurus cinnamomum...........	écorce	de cannelle †...........	jaune.
Citrus medica...............	écorce du fruit.............	de citron.............	id.
Cochlearia officinalis..........	feuilles....................	de cochléaria...........	id.
Copaifera officinalis...........	extrait.....................	de copahu.............	blanche.
Coriandrum sativum...........	semences...................	de coriandre...........	id.
Crocus sativus...............	pistils	de safran †	jaune.
Piper cubeba................	semences..................	cubèbes	id.
Laurus culilaban.............	écorce....................	laurier culilaban.........	jaune brunâtre.
Cuminum cyminum...........	semences	de cumin.............	jaune.
Anethum fœniculum...........	semences	de fenouil.............	blanche.
Croton eleatheria.............	écorce	de cascarille...........	jaune.
Maranta galanga.............	racines	de galanga.............	id.
Hyssopus officinalis...........	feuilles...................	d'hyssope.............	id.
Juniperus communis..........	semences.................	de genièvre............	verte.
Lavandula spica.............	fleurs....................	de lavande.............	jaune.
Laurus nobilis..............	baies....................	de laurier.............	brunâtre.
Prunus laurocerasus..........	feuilles.................	laurier-cerise †	
Livisticum ligusticum..........	racines..................	de livèche.............	jaune.
Myristica moschata...........	semences; elles donnent aussi une huile douce................	de muscade............	id.
Origanum majorana...........	feuilles...................	marjolaine.............	id.
Pistacia lentiscus.............	résine....................	de lentisque............	id.
Matricaria parthenium.........	plante...................	de matricaire...........	bleue.
Melissa officinalis............	feuilles...................	de mélisse.............	blanche.
Mentha crispa..............	id.......................	de menthe crépue........	id.
— piperitis................	id.......................	de menthe poivrée........	jaune.
Achillea millefolium...........	fleurs...................	de mille-feuilles........	bleue et verte.
Citrus aurantium............	écorce du fruit............	de néroli..............	orange.
Origanum creticum...........	fleurs...................	dictame...............	brune.
Pinus sylvestris et abies........	résine et bois............	térébenthine............	incolore.
Piper nigrum...............	semences................	poivre noir............	jaune.
Rosmarinus officinalis.........	plante..................	romarin...............	incolore.
Mentha pulegium............	fleurs..................	pouliot	jaune.
Genista canariensis...........	racines.................	genêt.................	id.
Rosa centifolia..............	pétales.................	rose	incolore.
Ruta graveolens.............	feuilles.................	rue..................	jaune.
Juniperus sabina.............	id.....................	sabine................	id.
Salvia officinalis.............	id.....................	sauge................	verte.
Santalum album..............	bois...................	santal blanc............	jaune.
Laurus sassafras.............	racines.................	sassafras †	id.
Satureia hortensis............	feuilles.................	sarriette..............	id.
Thymus serpillum............	fleurs et feuilles..........	thym.................	id.
Valeriana officinalis...........	racines.................	valériane.............	verte.
Zæmpferia rotunda...........	id.....................	zedoaire..............	bleue verdâtre.
Synapis alba et nigra..........	semences; elles donnent aussi une huile douce................	de moutarde†	jaune brunâtre.

N. B. Les huiles ainsi marquées † sont plus pesantes que l'eau.

Les huiles volatiles sont plus ou moins solubles dans l'eau, l'alcool et l'éther. En solution dans l'eau, elles constituent les eaux aromatiques telles que celles de rose, de menthe, de mélisse, de fleurs d'oranger. Avec l'alcool elles forment des composés connus sous le nom d'*eau de Cologne*, *eau de lavande*, *eau de mélisse*, etc. A l'aide de la chaleur elles dissolvent le phosphore ; il se précipite par le refroidissement. Suivant Hoffman 10 parties de camphre peuvent y en rendre soluble une de phosphore ; à l'aide du calorique ces huiles dissolvent également un peu de soufre qu'elles retiennent en partie ; cette solution constitue le baume de soufre anisé, térébenthiné, etc. ; le chlore et l'iode les déshydrogènent en partie et les rendent plus visqueuses, en s'unissant avec elles. Les alcalis n'exercent pas sur elles les mêmes effets que sur les huiles douces. Sur ce point les recherches des chimistes ne sont pas encore nombreuses ; cependant il paraît que les huiles volatiles n'ont pas, avec ces bases salifiables, une grande affinité réciproque ; aussi désigne-t-on les composés, auxquels leur union donne lieu, par le nom de savonules. Cette réaction, quoique faible, est longue, difficile et, comme nous l'avons déjà dit, encore peu étudiée. Les savons aromatiques, dits de toilette, ne sont pas dus à la saponification de ces huiles ; elles n'entrent dans ces compositions que comme parfums. Le seul de ces savonules, qui était connu, c'est celui de Starkey, qui résulte de l'union de la potasse ou de la soude caustiques avec l'huile de térébenthine. M. Bonastre vient de se livrer à diverses expériences sur l'action des alcalis sur quelques huiles volatiles, d'après lesquelles il a reconnu que l'huile essentielle de girofle, de même que celle du piment de la Jamaïque, possèdent une propriété que n'ont point beaucoup d'autres, qui est de se concréter instantanément par les alcalis et de former des savons ou des savo-

nules. Nous renvoyons à l'article *huile de girofle*
pour connaître ce mode d'action.

Il est plusieurs acides qui exercent une action
remarquable sur les huiles volatiles; toutes sont
susceptibles d'absorber beaucoup de gaz acide hy-
drô-chlorique et d'en neutraliser une partie. Il en
est qui cristallisent par cette absorption. Nous citerons, pour exemple, l'essence de térébenthine qui
donne, avec ce gaz acide, un produit qui a la plus
grande analogie avec le camphre; il en est de même
de l'essence de citron, etc. Les expériences suc-
cessives de Glaubert, Beccher, Borrichius, Boyle,
Tournefort, Hombert, Rouvière, Fréd. Hoffman,
Geoffroy le cadet, Rouelle, etc., ont démontré que
toutes les huiles étaient inflammables lorsqu'on les
mêlait, à froid, au double de leur poids, avec un
mélange d'acide nitrique très concentré et d'acide
sulfurique. Ces proportions varient dans les expériences de ces auteurs; ils augmentent la proportion de l'acide nitrique dans l'acide composé, suivant que l'huile, mise en expérience, est plus
difficile à s'enflammer. Les acides nitreux et nitrique, très concentrés, décomposent aussi ces
huiles avec violence; on observe alors un grand
dégagement de calorique, un boursoufflement considérable, et probablement une production d'eau,
d'oxide, d'azote, ou de l'azote et du gaz acide
carbonique. Lorsqu'on verse ces acides sur ces huiles, il arrive souvent qu'elles s'enflamment. Il est
bon de faire observer que cette inflammation est
constante si elles contiennent le tiers de leur poids
d'acide sulfurique.

Voici les proportions qu'indique M. Thenard,
pour faire cette expérience avec succès et sans
danger.

Acide nitrique, chargé d'acide nitreux, 45 grammes.
Acide sulfurique très concentré. . . .15
Huile essentielle de térébenthine.. . 3o

On met l'huile essentielle dans un creuset et l'on y verse les deux acides, au moyen d'un vase de verre attaché à l'extrémité d'une tige. L'action de l'acide sulfurique paraît due à ce qu'il absorbe l'eau de l'acide nitreux qui, dès-lors, se décompose très facilement.

L'acide nitrique, au moment qu'on vient d'y ajouter de l'acide sulfurique, produit également le même effet.

Presque toutes les huiles essentielles se distinguent entre elles par leur poids spécifique, leur saveur et leur odeur particulières ; nous allons exposer le tableau des densités de quelques unes d'elles qu'en a donné le docteur Lewis.

Huile de sassafras..	1094
— cannelle...	1035
— girofle ...	1034
— fenouil ...	997
— d'anis. ...	994
— pouliot ...	978
— cumin....	975
— muscade ..	948
— menthe...	975
— tanaisie...	946
— carvi....	940
— d'origan ..	940
— lavande...	936
— romarin ..	934
— genièvre...	911
— d'orange ..	888
— térébenthine.	792

En comparant cette densité à celle des huiles fixes, et en faisant abstraction de celles d'orange, de térébenthine et de genièvre, on voit que les volatiles sont plus pesantes que ces dernières. On peut ajouter à ce tableau les huiles volatiles de moutarde et de piment, de myrthe, de safran, de laurier-cerise et de santal blanc, dont le poids spécifique est supérieur à celui de l'eau.

Nous allons maintenant exposer le tableau des principales huiles volatiles, avec leur couleur et les parties du végétal d'où on les extrait. Ce travail est dû à Thomson.

Il est aisé de voir, par ce même tableau, que les huiles volatiles peuvent se trouver dans toutes les parties des végétaux.

De la composition des huiles volatiles.

L'expérience a démontré que les huiles extraites des plantes étaient souvent composées de deux huiles, qui étaient fusibles à des températures iné-gales; mais il ne paraît pas que ces deux huiles soient identiques dans toutes, ni qu'elles aient autant d'analogie entre elles que l'oléine et la stéarine dans les corps gras. M. Bizio, ainsi que nous l'avons exposé pages 187 et 188, a décrit ces deux principes sous les noms de *séreusine* et d'*igrusine* et fait connaître leurs caractères. MM. de Saussure et Houton-Labillardière sont les seuls chimistes qui aient cherché à déterminer les principes élémen-taires des huiles : voici le résultat qu'ils ont obtenu.

HUILES VOLATILES.	CARBONE.	OXIGÈNE.	HYDROGÈNE.	AZOTE.
De citron, rectifié	86,899	0	12,326	1,775
De térébenthine, *id*	87,788	0	11,646	1,566
De lavande, *id*	75,050	13,07	11,07	1,36
De romarin, *id*	82,021	7,73	9,42	1,64
D'anis commune	76,487	13,821	9,351	3,34
Id. concrète	83,466	8,541	7,531	1,46
De rose commune	82,053	3,949	13,124	1,874
Id. concrète	86,743	0	14,889	

Si l'on compare ces résultats avec ceux qu'on obtient par l'analyse des huiles fixes, on voit que les volatiles en diffèrent, 1°. en ce qu'elles contiennent beaucoup plus de carbone; 2°. en ce qu'elles ont toutes de l'azote; 3°. en ce que plusieurs ne contiennent pas un atome d'oxigène, tandis que toutes les huiles fixes en ont. Quant aux proportions d'hydrogène, dans les diverses huiles, elles sont variables; il y en a cependant de volatiles qui sont plus hydrogénées que les fixes.

Nous allons maintenant nous occuper de la classification et de l'examen particulier des principales huiles volatiles.

CLASSIFICATION DES HUILES VOLATILES.

Une classification bien exacte des huiles volatiles ne pourra être entreprise que lorsqu'on aura suffisamment étudié leurs propriétés respectives. Cependant, comme celle de Fourcroy nous paraît pouvoir conduire à ce résultat, nous allons l'exposer. Ce chimiste les a divisées en six genres.

Dans le premier, et sous le nom d'*huiles fugaces*, il range celles que l'on ne peut obtenir que par l'intermédiaire d'une huile fixe, comme celles de lis, de jasmin, de tubéreuse, etc.

Dans la seconde, il comprend les *huiles légères*, ou celles qu'on extrait par expression.

Dans la troisième sont les *huiles visqueuses*, telles que celles de cannelle, de cardamome, de girofle, de poivre, de sassafras, etc.

Dans la quatrième se trouvent les *huiles concrètes*, ou celles qui, extraites par la distillation, se solidifient par le refroidissement, ou cristallisent par une évaporation lente.

Dans les premières sont les huiles d'anis, de benoîte, de fenouil, de persil, de rose, etc.

Dans les secondes celles de marjolaine, de menthe, de thym, etc.

Dans la cinquième il place les *céracées*, ou celles qu'on obtient à l'état concret. Ce genre ne comprend que l'huile de muscade.

Dans la sixième, enfin, il range les *huiles camphrées*, c'est-à-dire toutes celles desquelles on peut extraire une substance qui a beaucoup d'analogie avec le camphre et que Proust a signalée dans les huiles d'aunée, de matricaire, de marjolaine, de lavande, de romarin, de sauge, etc.

PREMIER GENRE.

Huiles fugaces.

Nous avons déjà dit que, sous cette dénomination, Fourcroy rangeait toutes les huiles qu'on ne pouvait point obtenir ni par la distillation avec l'eau, ni par expression, ni par l'action de l'alcool, mais bien par celle d'une huile douce. Nous allons donner deux exemples de la préparation de ces huiles.

Huile de jasmin.

Placez, dans une cruche de grès, suffisante quantité de fleurs de jasmin, et versez-y de l'huile de ben, en proportion assez grande pour qu'elles en soient recouvertes. Laissez macérer pendant quinze jours, en exposant ce vase, bien couvert toujours, au soleil ; passez ensuite et exprimez légèrement ; remettez l'huile dans la cruche, avec la même quantité de fleurs, et, quinze jours après, passez de nouveau ; enfin, en répétant une troisième fois cette opération, l'on obtient une huile que l'on filtre et qui est très chargée de l'odeur du jasmin.

On obtiendrait les mêmes résultats si, au lieu d'huile de ben, on employait du sain-doux bien pur et non rance.

Huile de lis.

Le procédé de M. Couret fils nous ayant paru supérieur à celui de Baumé, nous allons le rapporter.

Prenez trois parties en poids de bonne huile d'olive, ou mieux d'huile de ben, et une de fleurs de lis, dont on a séparé les étamines; mettez le tout en infusion dans un pot de terre vernissé neuf; au bout de quatre jours (1) exprimez à travers un linge; remettez ensuite l'huile dans le vase avec de nouvelles fleurs, et, deux jours après, soumettez-les à la presse et filtrez l'huile obtenue qui est très odorante. Pour la dépouiller de l'eau de végétation qu'elle contient on l'introduit dans un flacon, que l'on bouche avec un bouchon de liége traversé dans tout le milieu par un tuyau de plume. En renversant ce flacon, l'huile, comme plus légère, gagne la surface et l'eau occupe la partie inférieure; on la soutire en débouchant le petit canal fait avec le tuyau de plume précité.

On peut préparer de cette même manière les huiles de tubéreuse, de jonquille, d'héliotrope, de hyacinthe, de muguet, de narcisse, de réséda, de giroflée, en un mot des liliacées et de toutes les fleurs dont l'odeur est aussi douce que fugace.

On peut préparer aussi ces huiles, comme on le pratiquait jadis, en faisant macérer ces fleurs avec des étoffes de laine imbibées d'huile d'olive ou de ben (2) jusqu'à ce qu'elles commencent à

(1) Cette infusion ne doit pas dépasser quatre jours, parce qu'au-delà de ce terme, il s'établirait une fermentation qui non seulement détruirait l'odeur des lis, mais communiquerait à l'huile d'olive ou de ben une odeur désagréable.

(2) On donne la préférence à l'huile de ben, parce

perdre leur tissu et leur couleur; on en ajoute successivement de nouvelles jusqu'à ce que l'huile, dont la laine est imprégnée, ait acquis une odeur assez forte; on extrait alors cette huile en soumettant cette laine à la presse.

DEUXIÈME GENRE.

Huiles légères.

Fourcroy comprend sous ce nom les huiles aromatiques qu'on extrait des substances par simple expression. Quoique ce moyen soit applicable à plusieurs corps, dont on peut extraire ainsi des huiles volatiles, ce n'est cependant que pour l'extraction de celles qui existent dans les petites cellules des écorces de citron, de cédrat, de bergamote, d'orange et des fruits de la famille des *hespéridées*.

Huiles de bergamote, citrus limetta bergamotta (Risso); — *de cédrat*, citrus medica cedra; — *de citron*, citrus medica *et* citrus limonum R; — *d'orange*, citrus orantium; — *d'orangette*, citrus orantium minimarum; *et de limette*, citrus limetta;

Par expression.

Ce procédé, suivi en Italie, en Portugal et en Provence, consiste à râper l'épiderme de l'écorce fraîche du zeste, afin de déchirer ainsi les vésicules huileuses qui la recouvrent; on ramasse ensuite cette espèce de pulpe et on l'exprime entre des

---

qu'elle est moins sujette à rancir. Au lieu d'étoffe de laine, on peut également se servir de coton; nous croyons même que son emploi mérite la préférence. On peut aussi favoriser l'action de l'huile sur l'arome des fleurs, en plaçant le vase, qui contient le mélange, dans un bain-marie chauffé à 50°.

glaces inclinées. Ces huiles déposent, par le repos,
un peu de parenchyme qu'elles avaient entraîné;
lorsqu'elles sont devenues claires on les conserve
dans un flacon bien bouché.

Nous devons à M. Geoffroy un autre procédé
pour l'extraction de ces huiles au moyen de l'alcool. Il consiste à laisser macérer, pendant quelques jours, la partie extérieure des écorces dans
ce menstrue et à y en ajouter ensuite de nouvelles
jusqu'à ce que l'alcool soit très chargé de cette
huile. Alors, en ajoutant de l'eau à cette solution,
ce liquide s'unit à l'alcool et en sépare l'huile.
M. Schwelzer conseille d'employer l'éther sulfurique au lieu d'alcool.

Enfin, il est encore un moyen plus avantageux,
c'est la séparation de ces huiles en distillant les
écorces qui les contiennent. Ce procédé est préférable à celui par expression, attendu que les huiles obtenues par ce dernier mode contiennent toujours du mucilage et de l'huile fixe; aussi sont-
elles sujettes à s'altérer plus tôt. Nous allons présenter deux de ces huiles, préparées par expression et par distillation.

Huile de citron.

Cette huile, obtenue par expression, est jaune,
très odorante, devient bientôt épaisse, ne se dissout pas en entier dans l'alcool, graisse les étoffes et
acquiert à la longue une odeur désagréable.

Obtenue par la distillation, cette huile est plus
fluide, d'une odeur, il est vrai, moins suave, mais
elle est beaucoup plus soluble dans l'alcool et se
conserve plus long-temps.

Ces diverses huiles se préparent en Provence et
dans le Portugal; celle d'orangette est connue dans
le commerce sous le nom d'huile de *petit grain*;
et celle d'orange sous celui d'*essence de Portugal*.

On les falsifie avec l'alcool. Pour reconnaître cette fraude l'on a proposé de les agiter avec un peu d'eau, qui reste laiteuse si l'huile contient de l'esprit de vin, tandis que, dans le cas contraire, elle devient claire. M. Vauquelin pense que cette épreuve n'est satisfaisante que lorsque les huiles ne contiennent qu'une certaine quantité d'alcool; que, lorsqu'elle est moindre, elles produisent avec l'eau le même effet que celles qui sont pures.

Il est bon de faire observer que, lorsqu'on se propose d'extraire l'huile volatile de toute autre substance que des écorces des fruits, il faut les réduire en poudre et les ramollir par la vapeur d'eau avant que de les exprimer. Il est cependant préférable de recourir à la distillation, attendu qu'on peut opérer plus en grand et que l'on obtient des produits plus purs.

TROISIÈME GENRE.

Huiles visqueuses ou épaisses.

Les huiles qui appartiennent à ce genre sont ordinairement colorées en brun; elles sont en général plus pesantes que l'eau.

Huile de cannelle.

On obtient l'huile de cannelle en distillant l'écorce du *cassia lignea* avec suffisante quantité d'eau. Baumé a retiré de douze livres et demi de cette cannelle une eau très odorante, chargée, depuis quelques gouttes jusqu'à un gros, d'une huile essentielle, fluide, de couleur blanche et d'une odeur très agréable (1). Cet habile pharmacien a

---

(1) Cette huile diffère de celle des Hollandais, qui la falsifient avant de la livrer au commerce.

extrait d'un autre *cassia lignea*, dit fin, deux gros et demi d'une huile semblable de douze livres et demie de cette écorce. Il vaut mieux cependant suivre, pour la préparation de cette huile, le procédé que nous allons indiquer. On prend de la cannelle de Ceylan, ou mieux, celle de la Chine, qui est regardée comme étant la plus riche en huile; on la concasse et on la fait macérer pendant un jour dans environ dix fois son poids d'eau; on y ajoute du sel marin et l'on distille rapidement. On cesse l'opération lorsqu'on s'aperçoit que l'eau qui passe n'est plus laiteuse; on sépare l'huile de la première eau, qui, étant plus légère que l'huile, la surnage, et on la redistille jusqu'à quatre fois de suite sur la même cannelle, afin d'en extraire toute l'huile qu'elle contenait. M. Recluz a fait connaître à ce sujet, à M. Chevallier, un fait assez curieux : c'est qu'ayant distillé une livre de cannelle de la Chine, de première qualité, avec 16 livres d'eau, il obtint une eau laiteuse très odorante et un gros d'acide benzoïque, la moitié en cristaux cubiques, et déposés contre les parois du récipient, et l'autre en cristaux aciculaires, qui s'étaient précipités mêlés à l'huile. On connaît deux sortes d'huiles de cannelle : 1°. celle qui provient de la cannelle du Ceylan est la plus rare et la plus estimée; elle coûte, rendue à Paris, depuis 40 jusqu'à 50 francs l'once; 2°. celle de la Chine, dont le prix est de 8 à 10 francs : son odeur est moins agréable.

On exprime une huile du fruit du cannelier; on en obtient aussi en le faisant bouillir : cette huile est blanche et d'une assez grande consistance; on l'appelle *cire de cannelle*, parce que le roi de *Candea* en faisait faire des bougies qui ont une odeur fort agréable, mais dont il n'était permis de brûler qu'à la cour de ce prince (*Abrégé des Transactions philosophiques, matière méd. et pharmacie, tom. 1*).

On extrait aussi des feuilles de l'arbre de cannelle une huile d'un goût un peu amer ; mêlée avec un peu de bonne huile de cannelle, on l'appelle *oleum molabathri ;* c'est un aromate qui est regardé comme un bon médicament contre les maux de tête, ceux d'estomac, etc.

Huile de girofle.

Girofle bien aromatique concassé,   5,000
Hydro-chlorate de soude.   500
Eau pure. 10,000

Laissez en macération pendant douze heures et distillez ensuite jusqu'à ce que la liqueur passe claire dans le récipient, dont le col doit être long. La liqueur laiteuse, que l'on a obtenue, abandonne bientôt l'huile qui, se trouvant beaucoup plus pesante que l'eau, va au fond du vase : on la sépare de ce liquide qui, tenant en dissolution un peu d'huile, est avantageusement employé pour de nouvelles distillations sur d'autres girofles.

Cette huile, ainsi obtenue, est d'une couleur jaunâtre, d'une odeur très suave, d'une saveur analogue à celle du girofle, mais beaucoup plus forte ; elle est employée comme odontalgique, comme parfum, etc.

L'hydro-chlorate de soude, que l'on emploie pour la distiller, n'ajoute rien à ses propriétés, il favorise seulement sa volatilisation en rendant l'eau susceptible de ne passer à l'état de vapeur qu'au-dessus de 100 c°. Nous avons recommandé de choisir les girofles bien odorans parce qu'il est des distillateurs qui vendent ceux qui ont été déjà distillés, après les avoir aromatisés avec un peu de cette huile. (1)

_____

(1) L'huile de girofle de même que celle de piment de

On prépare de la même manière les huiles de sassafras, *laurus sassafras*, et de *bois de Rhodes*, *convolvulus scoparius*.

---

la Jamaïque, jouissent d'une propriété que ne possèdent point la plupart des autres, c'est de se convertir instantanément par l'action des alcalis, et de former du savon ou des savonules. C'est à M. Bonastre que nous devons cette remarque. Voici l'effet de cette réaction telle qu'il l'a observée.

Soude. Si l'on verse sur 24 parties d'huile essentielle de girofle 12 parties de soude caustique, dite *lessive des Savonniers*, à froid, en l'agitant un peu, le mélange se durcit sur-le-champ, et devient opaque.

Ce savonule, lorsqu'il est récent, est sec, quelquefois même pulvérulent; il est le plus souvent en plaques minces, blanches, nacrées, et comme micacées; il n'attire point l'humidité de l'air, surtout si l'on a la précaution de le presser entre des feuilles de papier joseph, qui absorbent l'humidité excédante. Il est très soluble dans l'alcool; si on l'humecte avec un peu de ce véhicule, il prend quelquefois une forme mamelonnée; si on le soumet à l'action de l'acide nitrique, il contracte de suite une couleur rouge de sang. Ce savonule est à peine odorant, mais il est d'une âcreté insupportable.

Potasse. Le savonule qui est produit par cet alcali et l'huile de gérofle, par le même procédé, est concret et sec dès le principe; mais dans celui-ci l'union n'est pas si intime : la potasse attirant plus facilement l'humidité de l'air, le savonule se résout bientôt, et l'huile volatile reparaît sous forme de gouttelettes, et est plus brune qu'avant son traitement par l'alcali. Si l'on opère à chaud et qu'on fasse bouillir le mélange pendant une heure environ, le savonule obtenu est tout-à-fait brun. Exposé à l'air, il n'en attire pas moins l'humidité comme celui fait à froid ; l'huile volatile devenue libre, se fait bientôt reconnaître par sa pesanteur et son aspect oléagineux, et la potasse par de petits cristaux de forme circulaire.

Ammoniaque. Avec cet alcali elle prend seulement un aspect grenu, et la couleur se fane aussi davantage. Cette

Le *sassafras* ne donne que fort peu d'huile; Baumé n'en a obtenu, de 60 livres, que 11 onces et demie, et en employant l'eau passée à la distillation, avec cette huile, à de nouvelles distillations, sur d'égales quantités de sassafras, il en a retiré 12 onces et demie, et d'autres fois jusqu'à 13 onces 5 gros. Le *bois de Rhodes* en produit encore moins; il n'en a retiré, de 80 livres, distillé en une seule fois, que 9 gros. Cette huile est légère, un peu jaune et d'une odeur admirable. Ayant choisi du meilleur bois, plus dur et plus résineux, une même quantité produisit 2 onces d'huile; cette huile ne doit pas être confondue avec celles que préparent les Hollandais, et qui sont toutes de mauvaise qualité. On les obtient en faisant infuser du bois de Rhodes râpé dans de l'huile d'olive, ou bien en parfumant cette huile avec un peu d'huile essentielle de Rhodes.

En suivant le procédé que nous avons indiqué pour l'huile de girofle, on prépare

L'huile d'absinthe, qui est ordinairement d'un

---

combinaison n'est pas aussi ferme que par la soude ou la potasse. Exposée à l'air libre, le gaz ammoniac se dégage en grande partie, et l'huile volatile reste à nu. Dans ce cas il n'y a point de formation de cristaux.

Le gaz ammoniac. M. Bonastre a mis 8 grammes d'huile essentielle de girofle du commerce dans un cylindre au milieu d'un mélange réfrigérant marquant o; il y dirigea un courant de gaz ammoniac très sec; après quelques minutes de dégagement, l'huile s'est complétement solidifiée; elle a pris d'abord l'aspect d'une masse butireuse grenue, dans laquelle on remarquait des cristaux en aiguilles très minces et très déliées; si l'on continue le dégagement, elle devient presque aussi ferme que de la cire. Avec le temps, par une élévation de température, ou par l'exposition à l'air, le gaz se dégage, et l'huile volatile reparaît sous forme oléagineuse.

vert très foncé et moins fluide que les autres huiles essentielles; cette plante donne de 2 à 2 gros
et demi d'huile par 5 livres;

L'*huile de fleurs de camomille*, qui est bleue, odorante et devient verdâtre au bout de quelques
années; dans les années sèches elle est, suivant
Baumé, d'une couleur citrine; 20 livres de ces
fleurs donnent environ 3 gros et demi d'huile;
celle que l'on prépare dans les pharmacies n'est
autre chose qu'une infusion, dans l'huile, de ces
fleurs réduites en poudre et entretenues à une
douce chaleur;

L'*huile de carvi*; elle est presque incolore; les
semences de ce végétal en donnent environ 6 gros
par livre;

L'*huile de coriandre*; elle est un peu citrine; 82
livres de ces graines n'ont produit que 10 onces
6 gros;

L'*huile de piper cubeba* ou *cubèbes*; cette huile a la
consistance de celle d'olive; elle est presque inodore et d'une couleur verdâtre : 4 livres ont produit 5 gros et demi d'huile;

L'*huile de cumin*, couleur de celle d'amandes
douces; ces semences contiennent beaucoup plus
d'huile que les précédentes, puisque 5 livres en
ont produit 3 onces;

Huile volatile de moutarde. Je crois être le premier qui ai préparé en grand et décrit les propriétés diverses de cette huile. Pour l'obtenir, j'ai
introduit dans un alambic 2 kilogrammes de moutarde en poudre, que j'ai délayée dans 20 kilogrammes d'eau; j'ai bien luté l'appareil, et j'y ai
adapté un large ballon. Dès que le calorique a commencé d'agir, il s'est dégagé un gaz d'une odeur
extrêmement vive et aussi pénétrante que celle du
gaz ammoniac. La première portion d'eau charriait
une huile citrine qui se déposait au fond du vase.
Je mis à part les deux premiers litres de cette eau

et je continuai la distillation pour en retirer six
autres. Cette dernière était un peu trouble et tenait en suspension quelques gouttes de cette huile ;
son odeur était vive et pénétrante, mais beaucoup
moins que la première : celle-ci était trouble et
laissait entrevoir quelques petites gouttes de cette
même huile qui y étaient disséminées. Le fond du
flacon était tapissé d'une infinité d'autres gouttes,
plus grosses que les précédentes, et ne se réunis-
sant que difficilement. Après l'avoir laissé reposer
pendant un jour, j'en séparai 22 grammes : cette
même eau ayant été redistillée, sur une égale quantité de moutarde, le produit fut de 30 grammes.

Cette huile volatile, ainsi obtenue, est d'une couleur citrine, d'une odeur aussi vive et aussi pénétrante que celle de l'ammoniaque; une seule goutte
appliquée sur la langue y produit le sentiment
d'une brûlure, et d'une irritation si forte, qu'elle
se propage et s'étend dans la gorge, l'œsophage,
l'estomac, le nez et les yeux, par une impression
de chaleur et d'âcreté insupportables. Appliquée
sur la peau, elle y occasionne une douleur très
forte et y produit l'effet d'un caustique; elle est
beaucoup plus pesante que l'eau; son poids spécifique est à celui de ce liquide, 10,387 : 10,000.
Je ne connais aucune autre huile volatile, extraite
d'une plante indigène, qui soit douée d'une telle
pesanteur : elle se volatilise au 50ᵉ degré; pétrie
avec l'alumine et distillée, elle donne un peu
d'eau, d'huile brunâtre, du gaz acide carbonique,
du gaz hydrogène charboné, sans aucune trace
d'ammoniaque.

L'huile volatile de moutarde est soluble dans
l'eau et dans l'alcool, et leur communique son
goût et sa causticité; elle est très combustible et
brûle en répandant beaucoup de flamme; elle dissout le soufre et le phosphore; enfin, les acides
agissent sur elle comme sur les autres huiles. L'on

voit, d'après cet exposé, que les caractères de cette huile volatile sont assez tranchans pour ne pas être confondue avec aucune autre.

L'eau qui en est saturée est très-âcre et très caustique; une compresse bien imbibée de ce liquide, appliquée sur la peau, y occasionne, au bout de quelques minutes, un sentiment de douleur qui devient très intense; si on renouvelle cette application, on éprouve, sur la partie, une chaleur très vive, la douleur devient presque insupportable, et, lorsqu'on enlève cette compresse, l'on s'aperçoit qu'elle a produit l'effet d'un véritable synapisme.

QUATRIÈME GENRE.

Huiles volatiles qui prennent une forme cristalline ou concrète par le refroidissement ou une évaporation lente.

Les principales huiles de ce genre sont celles d'anis, de benoîte, de fenouil, de ravine sara, de persil, de roses, de menthe, d'aunée, de marjolaine, de thym, etc.; mais les dernières appartiennent plus spécialement à la classe des camphrées, à cause de la matière camphrée qu'elles déposent. Nous allons jeter un coup d'œil rapide sur ces diverses huiles.

Huile d'aunée.

On obtient cette huile par la distillation, par l'intermède de l'eau, de la racine de l'*enula campana* ou aunée, *enula helenium*, Lin. Cette plante croît dans les lieux ombrageux, et est cultivée dans les jardins; ses feuilles sont très grandes et d'un vert pâle, la racine est charnue, grosse, longue, blanche au-dedans, roussâtre au-dehors, d'une odeur forte, d'un goût aromatique âcre et

amer; 12 livres-de cette racine fraîche_ont donné
à Baumé un demi-gros d'une huile concrète analogue au camphre.

Huile d'anis.

On l'extrait des semences du *pimpinella anisum*,
pent. dyg. L. Cette plante est originaire d'Europe; ses fruits sont ovés, verdâtres, recourbés,
striés, très aromatiques, d'un goût piquant,
agréable et sucré; ils renferment une petite amande
qui contient une huile fine, tandis que son enveloppe donne, par la distillation avec l'eau, une huile
volatile qui cristallise par le plus petit froid; cette
huile est d'une couleur gris sale; elle est soluble
dans l'eau et dans l'alcool, elle a l'odeur et la
saveur de l'anis.

L'huile qu'on obtient en pilant l'anis et le soumettant à la presse, est un mélange d'huile douce
et d'huile volatile.

Huile d'anis étoilé ou *badiane*.

C'est le fruit de l'*illicium anisatum*, polyandrie
polyg. L. Bel arbre, qu'on trouve dans la Chine et
dans la Tartarie; le fruit est semblable à une étoile;
il est formé par la réunion de six à douze capsules
épaisses, dures, ligneuses, contenant chacune une
semence ovale, rougeâtre, lisse et fragile, qui
contient elle-même une amande blanchâtre et huileuse; le fruit donne, par la distillation avec l'eau,
une huile qui a une odeur et une saveur analogues
à celles de l'anis, mais plus suave et plus douce.

Huile de fenouil.

L'*anethum fœniculum* de Linné, fenouil, offre
trois variétés, qui sont :
Le *fœniculum vulgare germanicum*, de Tournefort.

Le *fœniculum vulgare acriori et nigriori semine*.

Le *fœniculum dulce*, de Tournefort.

C'est celui qui est cultivé dans le Languedoc qui donne des semences plus grosses, plus blanches, et d'une saveur plus agréable que les deux autres. Comme on le faisait venir autrefois d'Italie, on le connaît encore sous le nom de *fenouil de Florence*.

Les graines de fenouil se composent de deux semences, soudées et fortement sillonnées, lesquelles sont surmontées par deux petits filets courts, qui ont appartenu aux styles; leur saveur est agréable, elle se rapproche de celle de l'anis; les meilleures sont celles qui sont les plus grosses, d'un vert pâle et non jaunâtre ni brunâtre, car alors elles sont vieilles et par conséquent altérées.

On extrait du fenouil, par la distillation de ses semences, au moyen de l'eau, une huile qui cristallise comme celle d'anis; mais cette cristallisation ne commence qu'à un degré de froid de 5 — o.

Baumé a retiré, en mars 1760, de six livres de fenouil, deux onces d'huile; en juillet 1766, 75 livres lui en ont produit trente onces.

Huile de persil.

Le persil, *apium petroselinum*, Lin., est une plante potagère qui peut s'élever, par la culture dans les jardins, jusqu'à trois ou quatre pieds; il a une odeur très forte; ses fleurs sont blanchâtres, en ombelles; la racine est simple, de la grosseur du doigt, aromatique et blanche; c'est une des cinq racines apéritives. Baumé a obtenu, par la distillation de soixante livres de persil, presque en fleurs, quatre gros d'une huile verte, ayant une consistance butyreuse.

Huile de roses.

C'est en Turquie et en Perse qu'on prépare l'huile de roses, avec la rose pâle, qui doit, dans ces contrées, être beaucoup plus odorante que dans les nôtres, et la rose muscate, qui a une odeur bien plus forte et de laquelle participe davantage l'huile de roses du commerce.

On obtient cette huile en redistillant plusieurs fois la même eau sur des pétales de roses ; l'huile, ainsi obtenue, offre une masse cristalline, formée d'un grand nombre de lames aiguillées, brillantes, qui, par le seul effet de la chaleur de la main, se fondent dans la partie liquide où elles sont comme suspendues ; dans cet état, elle est transparente et a une teinte d'un blanc verdâtre. Quand elle est pure, son odeur est très forte ; lorsqu'elle est affaiblie par d'autres huiles, elle est très suave. Cette huile est soluble dans l'eau ; elle lui communique son odeur et constitue ainsi l'*eau de roses*, *triple*, *double*, ou *simple*, suivant la quantité d'huile dont l'eau est chargée. Elle se dissout en entier dans l'alcool bouillant ; à froid, ce menstrue la sépare en deux parties : l'une, qui est liquide et soluble, dans l'esprit de vin, et l'autre qui ne s'y dissout point et qui offre des lames brillantes. Ces deux huiles sont odorantes, d'après M. Guibourt. Depuis quelques années le prix de cette huile, qui était exorbitant, a beaucoup diminué.

Huile de menthe.

On connaît plusieurs espèces de menthes ; Linné a publié une monographie de cette plante ; *vid. amœn. academ.* Les principales espèces sont :

L'aquatique, *menthâ aquatica*, Lin.

Le baume des jardins, *mentha gentilis*, L.

La crépue, *menthâ crispa*, L.

La poivrée, *mentha piperita*, L.
Le pouliot, *mentha pulegium*, L.
La sauvage, *mentha sylvestris*, L.
Le menthastre, *mentha rotundifolia*, L.
La verte, *mentha viridis*, L.

La famille des menthes est douée d'une odeur plus ou moins forte et agréable, qu'elle doit à une huile essentielle qu'on en extrait par la distillation. Celles dont on la retire principalement sont : la menthe crépue et la poivrée. La première a les fleurs verticillées, les étamines plus longues que la corolle, les feuilles ovales, pointues, dentées en scie; tandis que la poivrée a les fleurs capitales, les étamines plus courtes que la corolle, les feuilles très vertes, ovales, pétiolées et dentées en scie.

On prépare ces deux huiles en distillant ces plantes au moyen de l'eau, et redistillant l'eau qui a passé à la distillation sur de nouvelles plantes, en suivant la méthode que nous indiquerons pour la distillation de celles du sixième genre. Nous nous bornerons à faire observer ici que, pour obtenir une plus grande quantité d'huile, on doit prendre la menthe au moment de sa floraison, la choisir bien vigoureuse et cultivée dans un sol bien exposé au midi; on doit, avant de la distiller, la dépouiller des tiges et la laisser en infusion dans l'eau pendant un jour. L'huile de menthe a une couleur verdâtre; elle a une odeur et une saveur très fortes de menthe; elle est soluble dans l'alcool et dans l'eau. La première solution constitue l'esprit de menthe, et la seconde l'eau de menthe, dont on fait un si grand usage en médecine comme cordial, vermifuge, etc.

L'huile de menthe poivrée est d'une couleur jaunâtre; elle a une odeur et une saveur de menthe poivrée excessivement fortes; elle irrite les yeux et se dissout dans l'alcool et dans l'eau; elle constitue alors l'esprit et l'eau de menthe poivrée.

Outre son emploi en médecine comme cordial et vermifuge, elle sert à faire les pastilles de menthe. On la prépare de la manière suivante :

On prend la menthe poivrée en fleurs, séparée de sa tige, et on la distille avec deux fois et demi son poids d'eau ; on pousse vivement à l'ébullition, et, lorsqu'on a obtenu une quantité d'eau égale à celle de la menthe, on extrait cette plante de la cucurbite ; on y en met une égale quantité de nouvelle et on y verse l'eau de menthe qui a passé à la distillation. On continue ainsi, tant qu'il y a de la menthe à distiller, l'on reçoit le produit dans un récipient florentin, tel que nous l'indiquerons bientôt, et l'on sépare l'huile de l'eau.

Huile de ravine sara.

On extrait cette huile par la distillation de l'écorce du bois de *ravine sara* concassé ; elle est d'une couleur citrine ; une grande partie se précipite au fond de l'eau et l'autre surnage ; elle cristallise à 16°—0 ; par la distillation avec l'eau elle donne une huile plus volatile. Quinze livres de cette écorce ont donné à Baumé deux onces d'huile.

CINQUIÈME GENRE.

Huiles volatiles céracées.

M. de Fourcroy range dans cette classe celles que la nature présente et que l'art extrait par la pression et leur ramollissement préliminaire, à l'aide du feu, dans l'état concret, unies à des matières huileuses, butyracées ou cireuses. Quoiqu'il existe probablement plusieurs huiles de ce genre, on ne connaît cependant encore que celles de muscade et de laurier.

Huile de muscade.

On extrait cette huile des noix muscades, qui sont le fruit du *myristica moschata*, Lin., *myristica aromatica*, Lam. Le muscadier est un arbre assez beau, des îles-Moluques, qui fut apporté en 1770 dans les îles de Bourbon et de France. On connaît dans le commerce deux espèces de muscades, dit M. Guibourt, qui sont également distinguées aux îles Moluques, où l'on en compte, en outre, plusieurs variétés de chacune. (1)

La première est la *muscade mâle* ou *muscade sauvage*. On lui donne le premier nom parce qu'elle est plus grosse que l'autre, et le second parce qu'elle croît loin des lieux où l'on cultive la meilleure. Elle est d'une forme elliptique, d'une longueur d'un pouce et demi à deux pouces ; plus légère et moins aromatique, et facilement attaquée par les vers. Elle est produite par le *myristica tomentosa* de Thunberg.

La deuxième est la *muscade femelle* ou muscade cultivée, qui est produite par le *myristica moschata*. Elle est comme une petite noix ; ridée et sillonnée en tous sens ; d'un gris cendré dans les sillons, qui prend une teinte rougeâtre sur les parties saillantes ; son aspect est donc d'un gris veiné de rouge ; elle est dure et cédant difficilement au couteau ; d'une odeur aromatique très agréable et forte ; d'une saveur huileuse, âcre et chaude. On doit la choisir bien pesante et non piquée des vers.

Cette huile se trouve dans le commerce en pains carrés, longs, solides, d'une odeur de muscade bien caractérisée, et d'une couleur jaune marbré.

Pour préparer cette huile on pile les noix muscades dans un mortier de fer, chauffé, jusqu'à ce

(1) *Histoire abrégée des drogues simples.*

qu'elles soient réduites en une pâte qu'on place dans une toile de coutil, entre deux plaques de fer chaudes, qu'on soumet à l'action d'une bonne presse ; l'huile qui en découle se fige par le réfroidissement. Cette huile est un composé d'une huile douce et d'une huile volatile qui est fluide et qui se volatilise par la distillation avec l'eau ; elle est très aromatique. L'autre huile est épaissé et conserve un peu d'odeur, qu'elle doit sans doute à un peu d'huile volatile qu'elle retient. L'huile de laquelle on a séparé une partie de celle qui est fluide, est amenée à la consistance ordinaire en la fondant avec le sain-doux : cette fraude est facile à reconnaître, attendu qu'elle est moins odorante.

Huile de laurier.

Le laurier paraît être originaire de l'Europe méridionale ; il est trop connu pour avoir besoin d'être décrit. Ses fruits sont connus sous le nom de *baies de laurier* ; ils sont formés par une espèce de drupe à brou très mince ; ils sont oblongs, gros comme une petite cerise, d'une couleur verte qui devient d'un noir bleuâtre quand ils sont à l'état de maturité : ils contiennent une amande bilobée d'une couleur fauve, d'une odeur aromatique, et d'une saveur amère et aromatique.

Pour extraire l'huile de ces baies, on les choisit dans leur état de maturité parfaite, on les pile dans un mortier de marbre, et on les fait bouillir dans un vaisseau clos pendant environ demi-heure, avec de l'eau ; on passe la liqueur bouillante à travers un linge avec expression, et par le refroidissement on ramasse à la surface de la liqueur une huile verte, odorante, de consistance butyreuse : après avoir pilé le marc et l'avoir fait bouillir une seconde fois dans de l'eau, on obtient une autre portion d'huile que l'on réunit à la première.

Cette huile, ainsi obtenue, se compose de deux huiles, l'une fluide, volatile et odorante, qu'on en sépare par la distillation; l'autre est fixe, concrète, et ne doit son odeur faible de laurier qu'à un peu d'huile volatile qu'elle retient.

Il ne faut pas confondre cette huile de laurier avec celle du commerce, qui n'est autre chose que le produit de la macération des baies et des feuilles de laurier, écrasées, dans le sain-doux.

SIXIÈME GENRE.

Huiles volatiles dites camphrées.

M. Fourcroy donne ce nom à ces huiles, parce qu'elles tiennent naturellement du camphre en dissolution : telles sont les huiles de

aunée,	pulsatile,
matricaire,	sauge,
marjolaine,	valériane,
lavande,	zédoaire, etc.
romarin,	

M. Proust passe pour être le premier qui, en 1789, ait fait connaître la présence du camphre dans l'huile volatile de plusieurs labiées (1) qui croissent dans la Murcie. Il en fit la première observation dans l'huile de lavande, dans laquelle il aperçut différentes cristallisations, en arbrisseaux formés d'octaèdres placés les uns sur les autres, etc. La seule exposition et évaporation à l'air, à une température entre 6 et 10° R., suffit pour séparer le camphre de ces huiles. Ce chimiste exposa à

_____

(1) *Resultado de las experiencias hechas sobre el alcanfor de Murcia.*

l'air, dans des assiettes de porcelaine et dans un lieu tranquille, des quantités assez grandes d'huile de lavande, de marjolaine, de romarin et des sauge; cette évaporation spontanée lui produisit,

camphre en cristaux de l'huile de romarin, $\frac{1}{16}$

—   —   de marjolaine, $\frac{1}{15}$

—   —   de sauge, près de $\frac{1}{7}$

—   —   de lavande, $\frac{1}{4}$

Dans les années très chaudes, l'eau distillée de lavande en emporte tant avec elle par la distillation, qu'elle la dépose par le refroidissement. Un pharmacien de Madrid a assuré à M. Arezula, qu'en Murcie, on en obtenait ainsi dans les étés très chauds en assez grande quantité pour le livrer au commerce à 30 sous le demi-kilogramme. Une évaporation graduée fait séparer du camphre de l'huile de lavande au bout de douze heures.

Celle de sauge ne le laisse pas déposer si vite, et l'on observe aussi qu'il est bien plus difficile d'en séparer l'huile épaisse qui en découle; celle de marjolaine le dépose un peu plus lentement, et celui de celle de romarin s'en sépare encore moins vite.

M. Proust a fait connaître, dans ce même travail, qu'en distillant de l'huile de lavande dans un bain-marie large et peu profond, placé à quelque distance de l'eau, entretenue à quelques degrés au-dessous de l'ébullition, jusqu'à tirer un tiers de ces liquides, les deux tiers de celle qui reste dans le vase déposent, par le refroidissement, du camphre cristallisé, qu'on fait égoutter et qu'on soumet à la presse. L'huile résidu, distillée de nouveau, en donne encore : enfin, une troisième distillation suffit pour séparer presque complétement le camphre de l'huile. Par ce procédé, on n'en obtient que 0,20 au lieu de 0,25; d'après ce chimiste, on ne pourrai en obtenir en grand que $\frac{11}{7}$

au lieu de $\frac{18}{72}$ qu'elle en contient; 24 parties de ce camphre raffiné ne lui en ont donné que 22 de très blanc et très pur. D'après des calculs simples et précis sur le prix de l'huile de lavande, et du camphre, en Murcie, et sur les frais d'exploitation divers pour l'extraction et le raffinage du camphre, il y aurait un bénéfice de 60 à 63 pour 100.

L'huile de sauge ne donnerait qu'un bénéfice de. . . . . 12 à 13 pour 100.

Celle de marjolaine, de . . 10 à 11

Celle de romarin, de. . . . 4 à 5

Ce camphre jouit des mêmes propriétés que celui qu'on trouve dans le commerce.

Sans vouloir chercher à diminuer en rien le mérite de M. Proust, dans l'intérêt seul de la science, nous sommes forcés de dire que la découverte du camphre dans l'huile de thym, *thymus vulgare*, avait déjà été faite en 1734, par Newman, professeur de chimie à Berlin. Voici en effet ce qu'on lit dans l'*Abrégé des Transactions philosophiques* : « M. Newman ayant trouvé que l'huile de thym distillée produisait une espèce de camphre, je communiquai sa découverte à la Société royale. M. Brown répeta et vérifia les expériences de M. Newman, et soutint que c'était une huile congelée. Ce mémoire, très étendu, tend à confirmer l'opinion de M. Newman, et à réfuter les objections de son adversaire, et n'établit autre chose, sinon que les cristaux durs que l'eau ne peut dissoudre, qui paraissent dans l'huile de thym et quelques autres huiles essentielles, ne sont ni un sel volatil ni une huile congelée, mais un corps singulier formé de ces huiles, et qui ne peut être désigné par un nom plus propre que par celui de camphre ; avant lui, plusieurs fameux chimistes ont employé le même terme en parlant de la même chose. »

Il est aisé de voir, d'après cela, que l'existence

du camphre dans quelques huiles volatiles, et plus particulièrement dans celle de lavande, est connu depuis long-temps.

Huile d'aunée.

Cette huile appartient également au quatrième genre : nous y renvoyons nos lecteurs.

Huile de matricaire.

La matricaire, *matricaria parthenium*, L., appartient à la syngénésie polyg. superflue ; elle s'élève à deux ou trois pieds ; elle a les tiges grosses, cannelées et rameuses, les feuilles d'un vert tirant sur le jaunâtre et un peu velues ; toute la plante a une odeur forte et désagréable, qui est due à l'huile volatile qu'elle contient. Cette huile s'obtient par la distillation des feuilles et des fleurs ; elle a l'odeur de cette plante et une couleur citrine ; 56 livres en fleurs, distillées au mois de septembre, ont donné à Baumé une once et demie d'huile.

Huile de marjolaine.

La marjolaine, *origanum majorana*, L., est originaire de Barbarie ; elle est cultivée dans nos jardins et croît naturellement dans quelques parties du midi de la France, non loin des habitations. Cette plante est vivace ; elle a une odeur forte et agréable ; ses feuilles sont petites, blanchâtres de forme ovoïde et un peu cotonneuses ; ses fleurs sont blanches. Elle donne, par la distillation, une huile dont l'odeur plus forte, il est vrai, est la même que celle des feuilles et des fleurs. D'après M. Proust, son huile contient un dixième de son poids de camphre.

150 livres de cette plante, fraîche et en fleurs,

ont donné à Baumé, en juillet 1760, 15 onces d'huile.

100 livres de *id.*, en août 1766, ne lui en ont produit que 4 onces.

156 livres, *id.*, en juin 1769, toujours en fleurs et récente, n'en ont donné que 3 onces 5 gros.

Il est aisé de voir que les proportions d'huile volatile sont très variables dans cette plante, qui, lorsqu'elle est sèche, en produit encore bien moins.

Huile de lavande.

La grande lavande, ou l'aspic, et la lavande des jardins ou officinale avaient été confondues par Linné et désignées par le nom *lavandula spica.* M. Decandolle a conservé ce nom à la première, et réservé celui de *lavandula vera* à la seconde, que l'on cultive dans les jardins et qui ne diffère de l'autre que par ses feuilles moins blanchâtres et plus étroites. Le calice offre un duvet blanc et ses bractées sont presque cordiformes. La grande lavande croît naturellement dans le midi de la France et particulièrement dans la Provence, le Languedoc et le Roussillon, où elle est connue sous le nom d'*aspic.* Elle est formée par une souche ligneuse, qui se divise en plusieurs rameaux ; ses feuilles sont linéaires, s'élargissent vers le sommet, à bords roulés en dessous, d'une couleur blanchâtre, d'une odeur très forte ; les tiges florales sont longues, grêles, dépourvues presque entièrement de feuilles et terminées par un épi, long, à verticilles interrompus, etc. On retire, par la distillation des fleurs de cette plante, une huile citrine, plus légère que l'eau, d'une densité égale à 0,898 à 20 c°, et par la rectification à 0,877. Cette huile, provenant de la lavande de Murcie, a donné à M. Proust jusqu'à 0,25 de camphre ; il y a tout lieu de croire que celle qui croît dans le Roussillon et l'arrondissement de Narbonne, particulièrement dans les Corbières et les montagnes de la Clape, en donnerait presque autant. Au reste, nous renvoyons à la page 211 pour ce que nous avons dit sur les quantités de camphre contenues dans cette huile, qui jouit d'une propriété remarquable ; c'est de dissoudre une grande quantité d'acide acétique concentré. M. Vauquelin, à qui l'on doit cette observation, s'est aperçu que cette propriété dissolvante augmente avec la concentration de l'acide, et que la portion de l'acide non dissoute était plus faible que celle qui était unie à l'huile. Si l'on verse de l'eau dans cette dissolution elle se trouble, et cette liqueur finit par lui enlever l'acide. M. Thénard pense que des effets analogues auraient lieu probablement avec d'autres essences et d'autres acides.

M. Baumé, qui s'est beaucoup occupé de l'extraction des huiles volatiles des plantes, a obtenu de quinze livres de lavande, distillées en 1752, cinq onces et demie d'huile essentielle ; trente-quatre livres, distillées en 1763, lui en ont produit sept onces, et quatre-vingts livres, au mois d'août de la même année, une livre neuf onces. Il paraît que les queues n'en contiennent presque pas.

Cette huile de lavande ne doit pas être confondue avec celle d'aspic, que l'on trouve dans le commerce, laquelle n'est ordinairement, dans le midi même de la France, qu'une infusion de ces fleurs dans l'eau-de-vie à 22 degrés. Il est facile de s'en convaincre en y ajoutant de l'eau, qui en trouble la transparence et s'unit ensuite à l'alcool, tandis qu'il vient nager des stries d'huile à la surface. Le cosmétique, connu dans la parfumerie sous le nom d'*eau de lavande*, est une solution de cette huile dans l'alcool, avec un peu de storax en larmes, etc. ; quand on veut s'en servir on en verse quelques gouttes dans l'eau, qui blanchit de suite

et contracte l'odeur et la saveur âcre et piquante
de la lavande ; ce blanchîment est dû à l'huile qu'a-
bandonne l'alcool pour s'unir à l'eau, laquelle,
restant suspendue dans le liquide ; en trouble la
transparence.

Huile de romarin.

Le romarin est un petit arbrisseau qui croît naturellement dans plusieurs parties du midi de la
France et notamment aux environs de Narbonne,
sur les montagnes de la Clape et des Corbières.
Il est si commun dans ces localités, qu'il sert au
chauffage des fours. Les feuilles du romarin sont
étroites, rudes, vertes à la surface supérieure et
blanchâtres à l'inférieure ; ses fleurs sont blanches
et labiées ; elles ont, ainsi que les feuilles, une
odeur aromatique agréable et forte. On en retire
par la distillation une huile incolore, plus légère
que l'eau, d'une densité égale à 0,9109 ; si on la
distille et qu'on ne prenne que la moitié du produit, son poids spécifique est alors réduit à 0,8886.
D'après les expériences de M. Proust, cette huile
contient un seizième de son poids de camphre.
Vingt-quatre livres de feuilles de romarin, récentes, distillées au mois d'août 1758, ont donné à
Baumé une once d'huile.

Huile de sauge.

On connaît plus de cinquante espèces de sauges,
et, quoique toutes contiennent de l'huile vola-
latile, ce n'est cependant que de l'*officinale*, *sal-
via officinalis*, Lin., qu'on l'extrait. Cette espèce
offre trois variétés bien distinctes :

1°. La *grande sauge* ; tiges rameuses, ligneuses,
velues ; feuilles oblongues, épaisses, blanchâtres
et cotonneuses ; odeur et saveur aromatiques assez fortes.

2°. La *petite sauge* ou *sauge de Provence*; feuilles plus petites, moins larges et plus blanches; elle est plus aromatique et plus estimée que la précédente.

3°. *Sauge de Catalogne*; elle ne diffère de la précédente que par ses feuilles, qui sont plus petites encore; à cela près elle a les mêmes propriétés.

Ces sauges, distillées avec l'eau, donnent une huile légèrement citrine, d'une odeur forte et agréable, qui contient beaucoup de camphre.

Baumé, qui s'est occupé de l'extraction de cette huile, a obtenu, de quarante-six livres de grande sauge en fleurs, en juillet 1763, deux onces et demie d'huile; en 1765 il en a recueilli, de 48 livres, trois onces d'huile; enfin, en juin 1767, 168 livres ne lui en ont produit que deux onces trois gros; il attribue cette énorme différence à ce que le printemps fut très pluvieux, jusqu'au moment même qu'il fit cette distillation.

Les racines de *valériane* et de *zédoaire* contiennent également une huile qui tient du camphre en dissolution. Nous sommes portés à croire que celles de

    Origan, *origanum vulgare*, Lin.
    Thym, *thymus vulgaris*, Lin.
    Serpolet, *thymus serpillum*, Lin.

en contiennent également; quant à celle du thym, les expériences de Newman le démontrent.

Distillation des huiles volatiles extraites des plantes.

La distillation des huiles volatiles mérite de fixer maintenant notre attention. L'expérience a démontré que toutes les parties des plantes n'en donnent point également, et qu'elles sont d'autant plus riches en huile volatile que la saison a été moins pluvieuse, qu'elles croissent dans

des pays plus chauds et qu'elles se rapprochent
le plus de la floraison ; c'est même lorsqu'elles
sont en cet état qu'elles sont le plus riches en
huile volatile. La distillation des feuilles, des
fleurs, des racines ou des semences qui en contiennent, en produisent davantage étant fraîches
que sèches ; il paraît qu'une partie de l'huile volatile se perd par la dessication. Il est aussi digne
de remarque que l'extraction des huiles volatiles devient plus aisée si l'on fait macérer, pendant un jour,
dans l'eau, les feuilles, les semences ou les racines
d'où on veut les extraire, et en faisant servir cette
eau à leur distillation. Lorsqu'on veut opérer sur
des plantes dont les tiges sont inodores ou peu
odorantes, comme celles de menthe, de sauge,
d'oranger, de romarin, d'origan, de serpolet,
de mille-fleurs, etc., on en détache les feuilles
et les sommités, qu'on met en macération pendant un jour dans la cucurbite d'un alambic.

Si ce sont des bois, des écorces, des racines, etc.,
que l'eau pénètre difficilement, on doit les diviser
le plus qu'on peut, au moyen de la râpe, du
pilon, etc., afin de faciliter l'extraction de l'huile.
Enfin, pour certaines fleurs et quelques semences, comme les fleurs d'oranger, les semences d'a-
nis, d'angélique, etc., nous conseillons de les
placer dans une espèce de panier en osier. Voici
maintenant les règles que nous croyons qu'on doit
suivre pour obtenir les meilleurs résultats ; nous
pensons ne pouvoir mieux faire que d'exposer ici
celles que MM. Chevalier et Idt ont données dans
leur *Manuel du Pharmacien.*

1°. Opérer sur de grandes masses, afin de retirer plus de produit et de l'avoir de meilleure
qualité.

2°. Distiller rapidement.

3°. Diviser les substances, afin de faciliter la
sortie de l'huile qu'elles renferment.

4°. N'employer qu'une quantité d'eau suffisante pour empêcher la plante de brûler.

5°. Pour les substances indigènes, cohober à plusieurs reprises la première eau, distillée sur une quantité nouvelle de substances.

6°. Pour les substances exotiques, dont l'huile est plus pesante que l'eau, saturer celle de la cucurbite de sel marin qui, augmentant sa dentité, l'oblige de prendre par son ébullition une plus haute température; l'eau ordinaire bout à 100° et l'eau salée à 104°.

7°. Employer, pour commencer la distillation, de l'eau déjà distillée sur la même substance, et par conséquent saturée de son huile essentielle.

8°. Se servir du récipient florentin, pour les huiles qui surnagent l'eau. (1)

9°. Pour les huiles naturellement fluides, rafraîchir souvent l'eau du serpentin; mais la tenir à 30 ou 40° pour les huiles qui se concrètent facilement, comme celles d'anis, de roses, etc. En général, pour la distillation des huiles volatiles, il est préférable de se servir d'alambics à conduit court et à chapiteau, garni d'un réfrigérant; on peut en graduer la température à volonté, et il est bien plus facile de purger un conduit droit qu'un conduit contourné, de l'huile qui y adhère et qui communique son odeur.

On doit procéder à la distillation des plantes, fleurs, feuilles, racines, bois, écorces ou semences aromatiques, d'après les règles précitées. Il est aisé de voir que l'huile volatile s'élève avec l'eau en vapeur, et passe avec elle à la distillation.

_____

(1) Le récipient florentin est un vase en verre à long col, qui est muni à la partie inférieure d'un tube en S, qui s'élève presque au niveau de la partie inférieure, et par lequel s'écoule l'eau distillée, tandis que l'huile reste à la partie supérieure de ce vase.

Si la quantité de ce liquide est trop forte, relativement à celle de ces substances, il en résulte que l'huile volatile reste en dissolution dans l'eau; il en est de même si elles sont peu chargées de principe huileux. Dans tous les cas on redistille constamment cette eau sur de nouvelles substances, et dès lors, se trouvant déjà saturée d'huile, les nouvelles portions qu'elle leur enlève viennent nager à sa surface ou tombent au fond, suivant que la densité de ces huiles est plus faible ou plus forte que celle de l'eau. Le liquide, qui passe à la distillation, a un aspect louche; il se clarifie en partie, et une portion de l'huile s'en sépare; et si elle est plus légère que l'eau, elle coule par le bec du récipient florentin : dans le cas contraire, c'est l'eau qui s'écoule par cette issue, tandis que l'huile reste au fond du vase. M. Amblard a présenté à la Société de pharmacie le plan d'un appareil propre à être substitué au récipient florentin, ce qui donna aussitôt l'idée à M. Chevallier d'apporter au récipient florentin ordinaire une modification qui le rendît propre à recueillir les plus petites portions d'huiles volatiles plus légères que l'eau; elle consiste en un tube effilé dont la partie inférieure va plonger au fond de ce récipient. Ce tube doit être un peu plus haut que le vase, et entrer parfaitement dans l'ouverture supérieure; l'extrémité inférieure doit être tirée à la lampe, de telle sorte qu'elle soit en rapport avec le filet d'eau qui coule de l'alambic, et la supérieure doit être renforcée à la lampe, afin de pouvoir y placer un bouchon de liége.

Quand on distille, on adapte ce tube au récipient florentin, et l'eau, qui est condensée par la distillation, passe dans ce tube. Quand l'opération est finie, on bouche le tube avec un bouchon de liége, on le sort du récipient, et en le débouchant on laisse couler l'eau qui surnage l'huile; on le bouche de nouveau pour porter cette huile dans un vase approprié.

C'est par ces mêmes moyens qu'on extrait l'huile volatile des semences d'anis, de fenouil, de moutarde, de genièvre, de coriandre, de carmin, de cubèbes, d'angélique, etc. ; des fleurs et sommités fleuries de lavande, de romarin, d'oranger, de roses, de thym, d'origan, etc. ; des feuilles d'absinthe, d'hyssope, de marjolaine, de matricaire, de menthe, de myrte, de persil, de rue, de sabine, de sauge, de tanaisie, etc. ; de la racine d'enula campana, des bois de sassafras, de l'écorce de cannelle, etc.

Il est bon de faire observer que les plantes ne donnent pas annuellement les mêmes quantités d'huile, et que ces quantités sont relatives aux saisons plus ou moins pluvieuses et plus ou moins chaudes, au dérangement de ces mêmes saisons, à la maturité des plantes, à la nature du sol, à son exposition, etc.

Sophistication des huiles volatiles.

Le peu d'huile volatile qu'on retire de certains végétaux, et par conséquent leur prix élevé, sont cause que la cupidité a cherché plusieurs moyens de les sophistiquer ; ces moyens sont au nombre de quatre :

par les huiles fixes,
par l'alcool,
par la même huile volatile ancienne et peu odorante,
par l'huile de térébenthine rectifiée.

Voici les moyens propres à s'assurer de ces fraudes.

1°. On reconnaîtra la présence d'une huile fixe dans une huile volatile en en enduisant un papier et le faisant chauffer ; si le papier reste taché, c'est une preuve qu'il y a de l'huile fixe unie à cette huile : on peut alors en déterminer la quantité par la distillation ;

2°. Si l'huile est mélangée avec l'alcool, elle est moins odorante, plus fluide; l'eau, avec laquelle on l'agite, devient laiteuse et en dissout une plus grande quantité que lorsqu'elle ne contient pas d'alcool : il est cependant bien difficile d'en séparer ce menstrue quand il y existe en très petite quantité ;

3°. Avec la même huile ancienne et peu odorante, cette sophistication exige, pour être reconnue, un odorat très exercé ;

4°. Avec l'essence de térébenthine rectifiée, il suffit, pour reconnaître ce mélange, de frotter un peu de cette huile entre les mains ; l'odeur particulière à cette huile ne tarde pas à se développer.

Nous avons exposé la classification de Fourcroy, sans cependant la considérer comme rigoureuse; car il y a une foule d'huiles qu'il nous serait bien difficile d'y comprendre, et que nous allons exposer sous le titre d'appendice sur les huiles volatiles; en attendant qu'une étude plus particulière de chacune d'elles nous en fasse mieux connaître les propriétés, et nous conduise ainsi à une classification méthodique. Je vais auparavant faire connaître l'huile de térébenthine, qui semble se rapprocher des précédentes par le dépôt cristallin qu'elle forme, et par sa conversion en une espèce de camphre au moyen du gaz acide hydro-chlorique.

Huile ou essence de térébenthine.

La térébenthine est une résine liquide qu'on obtient en faisant des entailles de 8 centimètres de largeur sur 14 millimètres de hauteur, au pin maritime, *pinus maritima*, L., qui croît dans le midi de la France, et surtout dans les Landes de Bordeaux. On fait ces entailles sur des arbres qui

ont de trente à quarante ans; on les commence
áu pied de l'arbre, du mois de février à celui d'octobre. On en pratique de nouvelles une ou deux
fois tous les huit jours, jusqu'à ce que la dernière
soit à une élévation de 2 mètres et demi à 3 mètres, ce qui exige environ quatre ans. En cet état,
on fait d'autres entailles au côté opposé, et
successivement tout autour de l'arbre, etc. La térébenthine, qui découle de ces incisions, est reçue
dans une cavité que l'on pratique au pied de l'arbre, dans une de ses grosses racines.

Lorsqu'on veut extraire l'huile de térébenthine
de cette résine liquide, on la distille dans un alambic de cuivre, à un feu modéré; l'huile passe dans
le récipient après avoir traversé le serpentin, et
il reste dans la cucurbite une résine qui porte le
nom de *brai sec* ou *colophane*, que l'on coule dans
un moule, et qui, en se refroidissant, devient
solide, cassante et d'un brun rougeâtre. M. Thenard dit que de 125 kilog. de térébenthine on ne
retire qu'environ 15 kilog. d'essence, ce qui fait
à peu près $\frac{1}{8}$, tandis que Neumann assure en avoir
obtenu 120 grammes de 480 de térébenthine, ce
qui fait le quart; il paraît qu'il y a une très-grande
différence entre la qualité de cette huile obtenue
par la distillation de la térébenthine avec ou sans
eau.

D'après le docteur Wre, 480 grammes de celle
de Venise, distillée avec de l'eau, produisit 131,6
grammes d'essence, ce qui fait un peu plus du
quart, tandis que la même quantité distillée sans
eau, au bain-marie, n'en produisit que 60 grammes
ou un huitième, ce qui est la quantité exacte annoncée par M. Thenard; il paraît donc qu'en distillant la térébenthine par l'addition de l'eau, on
obtient un produit double.

L'huile de térébenthine est incolore, transparente, d'une odeur forte et désagréable; elle rougit

presque toujours le tournesol. M. Thenard attribue cette propriété à de l'acide succinique qu'il
croit qu'elle contient toûjours, d'après MM. Lecanu et Serbac. En effet, cette huile réctifiée dépose quelquefois des cristaux prismatiques à som-
mets tronqués, dont nous ne croyons pas que la
nature soit encore bien connue. Ces cristaux sont
tantôt incolores et tantôt de couleur un peu brune ;
ils sont transparens : nous nous proposons d'en
faire l'objet d'un travail particulier. Le poids spécifique de l'huile de térébenthine est égal à 0,86 à
une température de 225° ; elle est insoluble dans
l'eau ; elle se dissout dans sept parties d'alcool ;
mais la plus grande partie s'en sépare par le repos.
L'acide sulfurique concentré, uni à l'acide nitrique, enflamme cette huile. L'effet que lui fait
éprouver le gaz acide hydrochlorique est bien remarquable. En effet, si l'on prend 100 parties
de cette huile bien pure et bien rectifiée, et
qu'on y fasse passer à travers un courant de ce
gaz acide, en ayant soin d'entourer le récipient
où l'on a mis l'huile, d'un mélange de sel et
de glace, l'essence s'unit à environ le tiers de
son poids de cet acide, et se change en une
masse cristalline et molle qu'on met à égoutter
pendant quelques jours, et d'où se sépare une
liqueur incolore, acide, fumante, contenant des
cristaux et faisant les 20 parties de cette masse,
tandis que 110 autres parties se composent d'une
substance blanche, cristalline, grenue, d'une
odeur de camphre et volatile, qu'on purifie en
l'exposant à l'air, l'agitant dans une solution de
sous-carbonate de potasse ou de soude, la lavant
à grande eau et la faisant sécher. C'est cette substance, découverte par Kind, que les chimistes
nomment *camphre artificiel*, et que M. Thenard
regarde comme une combinaison de l'acide hydro-
chlorique avec cette huile essentielle. Ce camphre

artificiel est plus léger que l'eau, très inflammable, brûlant sans résidu, et sans action sur la teinture de tournesol. Exposé à l'action du calorique,
une partie se sublime, l'autre se décompose, et il
y a de l'acide hydro-chlorique mis à nu. M. de
Saussure a trouvé que ce camphre différait beaucoup du composé cristallin, que l'on obtient en
faisant agir l'acide hydro-chlorique sur l'huile volatile de citron.

M. Labillardière, qui a analysé le camphre artificiel, l'a trouvé composé en poids, de

    charbon. 82,5
    hydrogène. 10,4
    acide hydro-chlorique. . 15,2

ou bien en volume,

    vapeur d'essence. 3
    gaz hydro-chlorique. . . 2

Le même chimiste a analysé l'essence de térébenthine bien rectifiée ; il l'a trouvée formée en
poids, de

    carbone. 87,6
    hydrogène. 12,3

Une autre analyse, citée par M. Thenard, n'y
admet que 11,646 d'hydrogène, et 0566 d'azote.

Les nombreux usages de l'huile ou essence de
térébenthine sont trop connus pour avoir besoin
d'en parler.

Huile de raze.

On extrait cette huile du galipot mou, que l'on
chauffe dans un alambic comme la térébenthine,
lorsqu'on veut en séparer l'huile essentielle ; l'huile
de raze se rapproche beaucoup de cette dernière :
elle lui est cependant inférieure en qualité.

Appendice sur les huiles volatiles.

Huile de cade.

Dans le midi de la France on extrait l'*huile de cade* d'un genévrier qui ne diffère du genévrier commun que par ses feuilles, qui sont plus courtes que sa baie; c'est le *juniperus oxicedrus* de L., qu'on appelle aussi *cade*. Il exsude de cet arbre une résine qui porte son nom; le bois en est rougeâtre et odorant, il brûle avec une flamme vive et brillante. Dans les montagnes, les paysans s'en servent pour l'éclairage, dans les soirées d'hiver; il en est de même dans quelques parties de l'Espagne. A Barcelone on en allume, dans des espèces de réchauds suspendus en l'air et placés dans les endroits les plus fréquentés, la veille du jour qu'on doit tirer la *rifa* (loterie). On extrait, par la distillation de ce bois, une huile noirâtre, plus ou moins épaisse, qui est d'une odeur insupportable et que l'on donne comme vermifuge aux enfans. On l'emploie aussi en frictions pour le traitement de la gale des bêtes à laine, des chiens et autres quadrupèdes. On a remarqué que cette huile tache la laine d'une telle manière, qu'on éprouve les plus grandes difficultés à enlever ces taches, qui parfois sont indélébiles.

Note sur l'huile essentielle de Caïoupouti, et son procédé distillatoire dans l'île de Bourou, l'une des Moluques, par R. P. Lesson. (1)

L'huile de *caïoupouti* est retirée par la distilla-

(1) Nous insérons cette note que nous avions demandée au savant naturaliste qui a fait le voyage autour du monde avec le capitaine Duperrey, telle qu'il a eu la bonté de nous la communiquer.

tion du *melaleuca leucodendra* qui croît dans plusieurs des îles Moluques, mais nulle part en plus grande abondance qu'à Amboine et à Bourou; c'est principalement de cette dernière île que les Malais et les peuples des îles de l'Est retirent toute l'huile qu'ils emploient dans leur médecine. Ils regardent ce que nous nommons en Europe, et par altération, huile de *cajeput.*, comme une panacée universelle, et comme le seul et unique remède à employer pour la plupart de leurs maux.. C'est à peu près à son usage, que se borne toute leur science médicale; et telle est la haute opinion qu'ils en ont conçue, que lorsqu'une maladie n'éprouve point de soulagement de cet agent thérapeutique, le plus souvent incendiaire et pernicieux, ils ne balancent point à abandonner le malade au trépas, dont rien, suivant eux, ne peut le préserver. Les Européens établis aux colonies ont adopté, sans trop d'examen, les propriétés que lui supposent les Chinois, les Malais et les Javanais; ils l'emploient avec plus de raison pour les rhumatismes chroniques. Dans quelques cas, ils ajoutent à des infusions aromatiques quelques gouttes de cette huile essentielle, qu'ils administrent alors comme un stimulant diffusible.

La manière de procéder à la distillation des feuilles du mélaleuque est fort grossière; je n'ai vu que deux appareils destinés à cet effet dans l'île de Bourou, et ils appartiennent, l'un au résident hollandais, et l'autre au radjah malais, le seul qui ait la prérogative de faire fabriquer cette huile et de la vendre. La récolte des feuilles se faisait pendant notre séjour sur cette île (du 23 septembre 1823 au 1er octobre suivant); des esclaves en étaient seuls chargés. Ces feuilles fraîches ont cette odeur vive et fragrante qui caractérise l'huile de Caïoupouti fraîche; on se borne, aussitôt qu'elles sont cueillies, à les placer dans l'intérieur d'un alambic en cuivre, et de les recouvrir de beaucoup d'eau. L'huile s'élève dans un petit chapiteau en boule, et se condense dans un serpentin renfermé dans l'intérieur d'une barrique pleine d'eau. L'huile sort ainsi sous forme d'un liquide très léger, coloré en un vert-pré très agréable, ce qui est dû sans doute à la chlorophile, ou peut-être à un principe résineux un peu différent; par la rectification elle devient incolore.

Le *melaleuca*, d'où l'on retire cette huile, est très commun sur les collines élevées de la partie orientale de *Cajéli*. Il prend à Bourou un développement assez considérable, que je ne puis mieux comparer qu'à celui de très vieux oliviers d'Europe. Ses fleurs sont disposées en petites têtes globuleuses blanches; ses feuilles sont beaucoup plus étroites que celles du *melaleuca*, qui croît en Amboine (*Meleucadendra*, var. *latifolia*); son tronc est recouvert par une écorce épaisse, formée d'un grand nombre de feuillets soyeux et minces, d'un aspect satiné. Cet arbre est toutefois l'objet de peu de soins; ils ne sont ni nombreux ni importans, car on se borne à brûler les mauvaises herbes ou les broussailles qui croissent au pied; il aime les coteaux découverts et très exposés au soleil, ce qui active et concentre l'odeur camphrée agréable qui lui est propre. Le peu de soins qu'on apporte à recueillir les feuilles fait que les rameaux sont presque tous mutilés, ce qui ne contribue pas peu, avec la teinte de son feuillage blanchâtre, à lui donner un aspect triste. On sait que Thumberg a singulièrement préconisé l'huile de cajeput pour la conservation des collections entomologiques, sans que l'expérience nous ait beaucoup éclairé sur ce sujet. Sa valeur, comme objet commercial, est encore assez grande, car à Bouyrou même le prix d'une bouteille ne vaut pas moins de 2 dollars, et à Java il s'élève à plus de 6, ou à 30 francs.

M. Lesson, au retour de son voyage autour du monde, sur la corvette la Coquille, a apporté un échantillon de cette huile, que M. Virey a présenté à l'Académie royale de médecine. On transporte cette huile en Hollande dans des flasques en cuivre; elle est alors verte, très limpide, plus légère que l'eau, d'une odeur qui tient le milieu entre celle du romarin et du camphre; sa saveur est piquante; elle est incolore quand elle est rectifiée. L'huile de cajeput brûle sans laisser de résidu; on la falsifie avec d'autres huiles, et on la colore avec de la résine de mille-feuilles. La couleur verte de celle qui arrive en Hollande est due au cuivre des vases dans lesquels on la transporte; elle est employée en frictions contre les rhumatismes, etc.; elle sert aussi à préserver les vêtemens de laine des mites qui les attaquent.

Huile de croton tiglium.

Un des pharmaciens les plus distingués de Paris, M. Caventou, a fait connaître l'identité des semences du *croton tiglium*, *graine* de *tilly* ou des *Moluques*, avec celles que nous connaissons sous le nom de *pignon d'Inde*. Son premier emploi en Europe, comme médicament, date de 1630; son usage fut abandonné : ce n'est que depuis que le docteur Conwel, médecin à Madras, a ressuscité ses propriétés, que presque tous les journaux scientifiques l'ont présentée comme un des purgatifs les plus énergiques.

On obtient cette huile en réduisant ces semences entières en pâte, et non les amandes seules, et en les soumettant à l'action de la presse. Nous devons à M. John Pope un travail fort intéressant sur la

préparation de cette huile, etc.(1), dont M. Olli-
vier a publié un extrait dans le *Journal de Chimie
médicale.*

Cette huile est âcre et irritante, aussi produit-
elle, quand on en fait usage, tantôt un sentiment
de chaleur brûlante dans l'arrière-gorge, tantôt
des vomissemens ou des nausées; ces effets sont
dus en grande partie à la préparation de cette
huile par l'expression des semences entières et
non des amandes seules. M. Pope s'est en effet
convaincu que c'est dans l'enveloppe de l'amande,
et surtout dans l'épiderme qui l'entoure, qu'existe
le principe âcre, de façon que l'huile obtenue des
amandes seules ou exemptes de leur péricarpe,
est un excellent purgatif, et n'a nulle âcreté. Il
est un autre fait digne de remarque, c'est que
l'alcool s'empare de la partie purgative de l'huile
ordinaire sans attaquer le principe âcre et irri-
tant qui lui est uni; d'après cette connaissance,
M. Pope préfère, à l'huile même, la teinture suivante :

    amandes de croton sans enveloppes,   2 onces.
    alcool à 85 degrés. 12

Après six jours de digestion, filtrez; la dose est
d'environ vingt gouttes pour un adulte, celle de
l'huile ordinaire est de demi-goutte à une et deux
gouttes. M. Beneventi a observé qu'elle agissait
plus fortement, à proportion, lorsqu'on l'adminis-
trait à très petite dose, comme celle de demi-
goutte.

Le professeur Mathœis s'est livré à plusieurs
expériences sur les propriétés de l'huile de croton
tiglium; il a reconnu qu'à la dose de demi-goutte
ou d'une goutte, dans une cuillerée de sirop de guimauve, elle produit quinze et jusqu'à vingt selles;
et, ce qui est le plus important, sans le moindre

(1) *Med. chir. transact.* London, tom. 13.

danger ni douleur (1) : cette huile peut donc être regardée comme un des plus puissans drastiques que nous possédions.

L'huile de croton tiglium est aussi un bon purgatif pour les chevaux ; il doit être préféré aux préparations d'aloès à cause de la douleur et de l'irritation qu'elles causent souvent.

Huile d'euphorbia lathyris.

L'expérience a démontré que les semences de la nombreuse famille des euphorbiacées et l'écorce de la racine de plusieurs espèces étaient de violens purgatifs. Parmi ces plantes, l'épurge *euphorbia lathyris* a été signalée comme une de celles dont les graines sont drastiques et vomitives, et comme pouvant remplacer l'ipecacuanha. Ses propriétés sont si bien reconnues, que, de temps immémorial, dans le midi de la France et en Catalogne, les paysans les écrasent et les laissent infuser dans l'huile d'olive pour en oindre ensuite les figues mûres, afin de se venger des maraudeurs qui ont contracté l'habitude de les leur voler. L'huile de cette euphorbe, également connue sous le nom de *catapuce, grande ésule*, etc., a fixé l'attention de plusieurs médecins, entre autres de Bailly, Calderini, Franck, Grimaud, etc.; c'est ce qui a engagé M. Chevallier à s'occuper des procédés propres à l'obtenir ; nous allons les faire connaître.

1er. Par expression.

Lorsque les semences sont mûres on les monde soigneusement ; on les réduit en pâte dans un mortier, et on les soumet à la presse dans une toile serrée : l'huile qui en découle dépose, au bout de quelques jours, une substance blanche, floconneuse, que l'on sépare par le filtre.

_____

(1) *Archives générales de Médecine*, tome 1.

2e. *Par l'alcool.*

On délaie la pâte de ces semences dans de l'alcool, dont on a élévé la température de 50 à 60 degrés; l'on filtre, et, après avoir retiré un peu plus de la moitié de l'alcool par la distillation, on fait évaporer le reste afin d'avoir l'huile pure : par ce moyen la quantité qu'en en obtient est plus grande.

3e. *Par l'éther.*

On laisse macérer dans un matras, pendant un jour, quatre onces de pâte de semence de lathyris avec trois onces d'éther; au bout de ce temps l'on filtre la liqueur. On traite le marc par de nouvel éther; on filtre ensuite et l'on réunit cette liqueur à la première; on sépare l'éther de l'huile en l'exposant dans une étuve au contact de l'air, ou mieux, en la distillant pour en obtenir un peu plus de la moitié de l'éther, et laissant évaporer l'autre en l'exposant dans une capsule à l'air libre, comme nous l'avons déjà dit.

Le premier procédé, lorsqu'on a beaucoup de ces semences, est le plus simple et par conséquent le meilleur; le dernier est plus coûteux.

Cette huile doit être conservée dans de petits flacons bien bouchés. Voici les quantités relatives qui ont été obtenues par les trois procédés. Sur 100 livres de graines,

1°. Par expression. . . 0,44 liv.
2°. Par l'alcool. 0,51
3°. Par l'éther. 0,52

Il est bon de faire observer qu'en opérant par expression, la presse et la toile s'imbibent de cette huile, ce qui occasionne une perte de 7 à 8 centièmes.

L'huile d'*euphorbia lathyris* est un drastique violent; à la dose de six à huit gouttes elle est un assez bon purgatif que l'on peut prendre dans de l'huile d'amandes douces ou du sirop de guimauve, etc.

Les graines des euphorbiacées sont toutes huileuses ; et, d'après M. Adrien de Jussieu, l'huile est si abondante dans la *dryandra* et dans le *stillingia sebifera*, qu'on l'extrait pour brûler dans les lampes, et pour d'autres usages.

Le docteur Calderini, de Milan, a tenté un grand nombre d'expériences pour substituer l'huile de l'*euphorbia lathyris* à celle du *croton tiglium*. Après l'avoir administrée sur lui-même et sur un grand nombre d'autres personnes, il en conclut, 1°. que son action purgative est sûre, héroïque et prompte, sans produire ni colique, ni vomissement, ni douleur, ni ténesme ; 2°. que cette action purgative n'est pas bien inférieure à celle du *croton tiglium*, et qu'elle mérite de lui être préférée, attendu qu'elle n'est point, comme elle, âcre et irritante ; 3°. que la dose pour les adultes peut être déterminée de quatre à huit gouttes. En France, M. le docteur Bailly s'est livré à des recherches semblables à l'hôpital de la Pitié, et ses résultats diffèrent un peu de ceux de M. Calderini. Le médecin français a reconnu, 1°. que l'huile extraite par expression était un peu plus énergique que celle par l'alcool ; 2°. que son action purgative est bien inférieure à celle du *croton tiglium* ; il en faut doubler la dose et la porter de six à dix gouttes ; 3°. il lui a trouvé l'inconvénient de provoquer les vomissemens, qui la font rejeter, sans cependant exciter la salivation, comme celle du croton.

M. Caventou a préparé un savon avec cette huile, qui conserve encore cette propriété vomitive.

Huile de karapat de la Martinique.

M. Virey a présenté sous ce nom, en novembre 1826, à la section de pharmacie de l'Académie royale de médecine, l'huile du ricin rouge qui est cultivé dans nos colonies ; retirée par expression, elle est beaucoup plus âcre, plus purgative et d'une couleur plus foncée que celle que l'on fabrique en France.

Huile de pommes de terre.

Personne n'ignore que la fécule de la pomme de terre, *solanum tuberosum*, est employée à la fabrication de l'eau-de-vie ; mais cette liqueur alcoolique, de même que celle qu'on obtient par la distillation du marc de raisin, contient une huile qui leur donne un goût particulier. M. Gabriel Pelletan s'est occupé de cette huile et a publié le résultat de ses expériences dans le *Journal de Chimie médicale.* Cette huile se retire des derniers produits de la distillation à feu nu de la fécule de pommes de terre fermentée ; elle est de couleur citrine, et devient blanche lorsqu'elle est dépurée. MM. Bertillon et Guiétand, fabricans d'esprits rectifiés, en séparent une si grande quantité, qu'ils l'emploient à l'éclairage.

Pour en séparer l'alcool qu'elle contient, M. Pelletan l'a lavée à grande eau ; après l'en avoir séparée et l'avoir agitée avec le chlorure de calcium en poudre, il l'a distillée.

Cette huile purifiée est blanche, limpide, non visqueuse, d'une odeur pénétrante qui affecte le système nerveux, et qui semble se rapprocher de l'acide prussique ; elle paraît analogue à celle de l'eau-de vie de grains ; sa saveur est chaude, âcre ; son poids spécifique est égal à 0,821 ; elle ne graisse point le papier, se volatilise sans laisser de résidu, sans action sur le tournesol, ne s'épaissit pas sensiblement par l'évaporation ; à un froid de — 19 à 20°, se congèle et ressemble à celle d'anis ; à 18° elle fond et bout à + 125 c°.

L'huile de pommes de terre chauffée brûle avec

une flamme blanche, brillante, sans fumée, mais avec une odeur désagréable ; elle se dissout dans l'eau et lui communique son goût ; elle s'unit à l'alcool en toutes proportions ; elle dissout les graisses, les huiles fixes et volatiles ; le camphre, les résines, etc.

Avec la potasse et la soude elle forme un mélange saponacé que l'eau décompose. Nous renvoyons, pour de plus grands détails, au Mémoire de M. G. Pelletan...

Nous ne pousserons pas plus loin l'énumération des huiles volatiles, il nous serait impossible de les réunir toutes et d'offrir leurs caractères spécifiques ; elles existent dans la nature sous tant de variétés, que cette étude est encore très bornée : je n'eusse donc pu que donner des notions vagues et sans aucun intérêt ; et, dans la carrière des sciences comme dans celle des arts, on ne doit tenir compte que des faits et des observations.

SIXIÈME PARTIE.

APERÇU SUR L'ÉCLAIRAGE PAR LE GAZ HYDROGÈNE BI-CARBONÉ.

CE n'est que depuis le commencement du dix-neuvième siècle que l'éclairage par le gaz est connu ; vainement Atkins a-t-il cherché à en ravir l'honneur à la France en l'attribuant au docteur Clayton ; en 1739, à un évêque nommé Watin, et en 1792, à Murdoch. Guidé par cet esprit patriotique, qui cherche à nationaliser toutes les découvertes, les pratiques nouvelles et les perfectionnemens, Atkins établit son opinion,

1°. Sur ce que Clayton, en distillant de la houille, dans une petite cornue, obtint un gaz incondensable, qui s'enflamma par accident, et qu'il enferma dans des vessies pour le brûler devant quelques amis ;

2°. Sur ce que Watin s'était convaincu que ce gaz, après avoir traversé l'eau, brûlait avec une flamme aussi belle qu'auparavant ;

3°. Sur ce que Murdoch éclaira, dit-il, en 1802, la fabrique de Wat et Boutton, et fit, dix-huit ans après, une expérience publique de cet éclairage au gaz au théâtre du Lycée dans le Strand.

Ce dernier fait tendrait à accorder à Murdoch les honneurs de cette belle découverte, si nous ne savions pas que M. Lebon fit, en 1802, ses essais publics à Paris, et que le brevet d'invention qu'il prit est bien antérieur à ces essais ; enfin, que cet ingénieur exporta lui-même ce mode d'éclairage en Angleterre, d'abord mal accueilli en France, et ensuite importé de la Grande-Bretagne. L'An-

gleterre n'a donc d'autre droit sur cette belle conquête des arts économiques, que de l'avoir utilisée
dans le moment même que le lieu qui l'avait vue
naître la voyait avec indifférence.

Depuis long-temps, il est vrai, l'on savait que
les huiles, les graisses, la cire, etc., que l'on
chauffe dans un tube au rouge, produisent un
gaz qui brûle avec une belle lumière ; cependant
M. Lebon est le premier qui a tiré parti de cette
connaissance.

Éclairage par le gaz du charbon.

On a d'abord commencé par extraire ce gaz du
charbon. Les procédés qu'on a mis en usage ont
plus ou moins varié, et mon but n'est pas de les
décrire ici ; je vais me borner à donner une idée
de sa préparation dans les fabriques en grand. On
place sur un vaste fourneau cinq cornues ou vases
distillatoires, en fonte et de forme elliptique ; il y en
a cependant qui en ont d'oblongs , et de convexes :
on introduit la houille dans ces vases, et on y fixe
solidement des tuyaux en fonte. On allume le
fourneau, et, dès que les cornues sont rouges, la
houille laisse échapper la matière huileuse et bitumineuse qu'elle contient ; les gaz qui en sont le
produit sont portés par ce tuyau dans un réfrigérant, où le goudron, le liquide ammoniacal, et
tous les produits susceptibles de se condenser, se
liquéfient, tandis que les gaz sont conduits par un
tuyau dans les purificateurs, qui sont entretenus à
une chaleur rouge, et dans lesquels on a introduit
de la limaille ou de la tournure de fer, des substances argileuses , etc. Le gaz hydrogène sulfuré
s'y décompose en partie ; le gaz va se laver ensuite
dans un grand vase d'eau , où il dépose tout ce
qu'il contient d'ammoniacal, et presque tout l'acide
hydro-sulfurique ; dans cet état, étant censé pur,
quoiqu'il contienne encore de ce dernier acide, il

est porté par un tube dans le gazomètre, d'où il est distribué par des conduits souterrains dans les habitations. Ce moyen, qui est le premier dont il paraît qu'on ait fait usage, est dû à M. Palmer. Voici la méthode qui a été mise en usage par M. Haddoclk. Elle consiste à ajouter au charbon, dont on charge la chaudière, $\frac{1}{8}$ de son poids de chaux fraîche et vive, qui a beaucoup d'affinité pour le soufre, et à faire traverser le gaz à travers un cylindre chauffé au rouge, et contenant de la chaux vive, qui s'empare d'une grande partie de l'hydrogène sulfuré, tandis que l'eau du réfrigé- rant, qui est aiguisée par un acide, s'unit à l'ammoniaque : on achève ensuite la purification comme ci-dessus.

Le procédé de M. Grafton consiste à verser une lessive de cendres sur de la chaux vive, jusquà ce qu'elle se soit délitée ; on y ajoute alors un cin- quième en poids de potasse, et environ un quart de poussier de coak, qu'on mélange bien ensemble. On place ce mélange sur une toile métallique fixée dans un vase, qu'elle divise en plusieurs sections ; le gaz pénètre dans ce vase, par la partie infé- rieure, et se dépouille du gaz hydrogène sulfuré et de l'acide carbonique, en filtrant à travers ces diaphragmes chargés de ces matières caustiques ; en sortant il est dans son état de pureté, et se rend dans le gazomètre.

Il est aisé de voir qu'en préparant le gaz par le charbon, on obtient trois produits principaux : 1°. le gaz hydrogène bi-carboné ; 2°. du bitume ou goudron ; 3°. un résidu que l'on nomme coak, et qui brûle sans répandre aucune mauvaise odeur.

Ce goudron, réduit en pâte, avec de la sciure de bois, et introduit dans ces cornues, donne plus de gaz et de meilleure qualité que les charbons les plus estimés.

Tous les charbons ne produisent ni le même volume de gaz, ni des gaz égaux en pureté. M. Clément, dans son cours de chimie industrielle, a donné quelques aperçus sur l'éclairage par le gaz, qui ont été publiés dans les numéros 10 et 12 du *Producteur*, et desquels M. Dubrunfaut a donné une analyse dans le *Bulletin des Sciences technologiques*, de laquelle nous allons donner un extrait.

Le volume du gaz varie avec la quantité du charbon ; les charbons résineux et bitumineux en produisent plus que les autres.

Le *cannel coal* (charbon anglais) en
    donne. . . . . 309 lit. par kil.
Le charbon de Mons. . . de 100 à 110 *id.*
Le charbon de S.-Etienne de 150 à 160 *id.*

Les cornues sont très sujettes à être percées par l'effet d'une haute température ; elles s'unissent peu à peu avec le charbon, et donnent lieu à un carbure de fer qui occasionne leur perforation. On n'a encore trouvé aucun moyen propre à obvier à ce grave inconvénient.

100 parties de houille, soumises à la distillation dans ces cornues, produisent

    gaz hydrogène carboné, etc.. . . . 40 parties.
    coak. 60
                               —————
                               100

Ce coak est un charbon plus léger, qui brûle sans flamme ni odeur, et qui sert à remplacer la houille avec avantage pour chauffer les cornues ; l'excédant est vendu de 60 à 70 fr. la voie ou 15 hectolitres. Le gaz pour l'éclairage, tel qu'il se dégage de la cornue, contient

    – du gaz hydrogène sulfuré,
      du carbonate d'ammoniaque,
      du goudron,
      de la vapeur d'eau.

L'hydrogène sulfuré est absorbé par la chaux presque entièrement ; la vapeur d'eau est décomposée en passant dans les tuyaux chauffés au rouge, tandis qu'on recueille le goudron dans le réfrigérant.

M. Berard, habile professeur de chimie à Montpellier, dans une lettre adressée à M. Gay-Lussac, et insérée dans les *Annales de Chimie*, a annoncé,

1°. Qu'un bec de gaz brûle, pendant une heure, 140 litres de gaz, et que sa lumière est représentée par 100 ;

2°. Que cette lumière est encore la même après trois heures de combustion ;

3°. Qu'une sinombre, brûlant 58 grammes d'huile pendant le même temps, ne donne d'abord qu'une lumière égale à 76, laquelle n'est plus que 60 après deux heures ;

4°. Que le bec d'Argand brûle 42 grammes d'huile, et sa lumière, qui est d'abord 62, n'est que 50 après deux heures de combustion.

Il est reconnu que quand un grand bec brûle de 150 à 160 litres de gaz par heure, cette quantité doit être plus forte, suivant la dimension du bec ; ceux, par exemple, des lanternes de jardin du Palais-Royal, doivent en brûler plus de 200.

M. Clément, dans son cours précité, a exposé que la vente du gaz était comptée à raison de six centimes par heure pour chaque bec, en faisant observer que ce prix est encore trop bas, puisqu'un bec à gaz donne deux fois la lumière d'un Argand, et que celui-ci brûle, par heure, pour cinq centimes d'huile. Nous allons maintenant exposer le tableau de l'établissement d'une fabrique de gaz, tel que le présente ce chimiste.

Compte d'une usine au gaz de houille, formée pour 3,000 becs, brûlant chacun pendant quatre heures et demie par jour.

Capital de l'établissement.

1°. 84 cornues avec tonneaux, réservoirs à goudron, condensateurs, purificateurs, bâtimens et terrains 550,000
2°. 8 gazomètres avec leurs citernes et bâtimens. 520,000
3°. Tuyaux et distribution. 1,070,000
_____
2,140,000

Dépenses annuelles.

45,000 hectolitres de houille, soit 3,000 voies à 70 f. 210,000
Cornues usées, nettoyages 30,000
Réparations des fourneaux et menus frais. 30,000
Réparations des conduits. 12,000
Ouvriers. 36,000
Frais d'administration. 25,000
Intérêts du capital à 6 pour cent. . 128,400
_____
Total. . . 471,400

Produits annuels, 3,000 becs à 98 f. 50 c. 295,000
Coak — 2,100 voies à 55 f. 105,000
_____
Total. . . 400,000
_____
Perte. . . 71,400

On voit par cet exposé, que, d'après M. Clément, une pareille usine donnerait annuellement une perte de 71,400. Il y a tout lieu de croire que ses calculs sont erronés. Écoutons à ce sujet M. Dubrunfaut (*Bulletin des Sciences technologiques*).

Ce compte, de M. Clément, peut-il inspirer une entière confiance? La persévérance qu'il met à décrier l'éclairage au gaz du charbon, pour prôner l'éclairage à l'huile, nous paraît inexplicable. Nous ne serions pas étonnés de trouver, l'année prochaine, sur le tableau du Conservatoire, un compte qui présentât l'éclairage au gaz du charbon comme une spéculation très lucrative, car, il y a quatre ans, l'éclairage au gaz de l'huile était, suivant M. Clément, une absurdité. L'année suivante c'était une excellente affaire qui devait constituer les entrepreneurs en gros bénéfices, tandis que le charbon devait les ruiner.

Il est fâcheux que ceux qui sont appelés à reculer les bornes des sciences et des arts se laissent souvent guider par l'esprit de système. M. Berard a examiné le compte présenté par M. Clément, et comme M. Berard, placé près d'une usine royale et d'ailleurs chimiste habile, a pu mieux que personne calculer les produits et les recettes, ainsi que les avantages et les désavantages des divers procédés, ce chimiste n'a pas manqué de publier, dans les *Annales de Physique et de Chimie*, des observations très judicieuses sur les travaux de M. Clément.

M. Dubrunfaut, qui a visité plusieurs fois l'établissement que MM. Manby et compagnie ont créé à la barrière Courcelles, lequel fournit 2,700 becs par jour, et qu'on monte pour 5 à 6,000, donne les renseignemens suivans :

On y trouve 23 cornues de forme plate et dont les ouvertures peuvent se déplacer lorsque le corps de la cornue est hors de service.

1°. Chaque charge dure trois heures.

2°. Les fourneaux sont alimentés avec du coak.

3°. On y vend la lumière 6 centimes par bec, par heure.

4°. On calcule la consommation de 3 $\frac{1}{2}$ à 3 $\frac{1}{4}$ pieds cubes de gaz.

5°. Le charbon de Mons est l'un de ceux qui donnent le plus de gaz.

Dans cette usine, on procède à la purification du gaz en plaçant, dans des vases cylindriques, des claies que l'on recouvre d'épaisses couches de chaux hydratée, et en pâte consistante ; le gaz, filtrant à travers, se dépouille de son hydrogène sulfuré et de l'acide carbonique qu'il peut contenir.

Les bassins, ou cuves des gazomètres, sont en fonte et élevés au-dessus du sol ; ils sont au nombre de deux.

Les cloches sont en tôle ; leur levée est d'environ 20 pieds ; et leur diamètre de 42 à 43. Leur contenance est d'environ 22,000 pieds cubes chacun.

Nous avons déjà dit que tous les charbons ne donnent pas une égale quantité de gaz ; nous ajoutons que le même gaz n'est pas d'une égale densité, puisque, suivant Christison et Turner, elle varie en Angleterre de 450 à 700. Aussi reconnaît-on, dans la Grande-Bretagne, plusieurs classes de charbon.

La 1re comprend tous ceux qui sont principalement composés de bitume ; à leur tête est le *cannel-coal*, qui comprend aussi ceux du Lanca'shire et du nord de l'Angleterre. Ils donnent un gaz très dense et en plus grande quantité et laissent pour résidu moins de coak que les autres et le gaz plus difficile à purifier.

La 2e classe renferme tous ceux qui contiennent moins de bitume et plus de carbone. Ils exigent

une plus haute température pour leur décomposition; le gaz est moins dense et en moindre quantité, mais en revanche il est meilleur et plus facile à purifier.

La 2ᵉ classe présente ceux qui ont peu de bitume
et beaucoup de substances charbonneuses mélan-
gées avec des terres. Ils sont peu propres à la fabrication du gaz, attendu que celui qu'ils donnent
est un mélange d'oxide de carbone, d'hydrogène
carboné et de beaucoup d'hydrogène sulfuré. Ils
exigent une très haute température pour leur décomposition ou ignition.

Colin Makensie (1) a donné un tableau très
étendu des quantités de gaz que les charbons anglais donnent par chaldron; nous allons les présenter ici, parce qu'elles nous ont paru propres à
intéresser ceux qui se livrent à ce genre de fabrication en France.

Quantité de gaz fourni par un chaldron des diverses variétés des charbons anglais.

Iʳᵉ CLASSE.

	pieds cubes de gaz.
Cannel-coal d'Écosse	19,890
Charbon (Lanca'shire Wigan coal)	19,608
Cannel-coal d'York'shire (Wakefield)	18,860

Charbon de Straffordshire.

1ʳᵉ Variété	9,748
2ᵉ —	10,223
3ᵉ —	10,866
4ᵉ —	9,796

(1) One thousand experiments in chemistry.

Charbon de Glocestershire.

1re Variété (High Delph).	. . . .	16,584
2e — (Low Delph).	. . . .	12,852
3e — (Middle Delph).	. . . .	12,096

Charbon de Newcastle.

1re Variété (Hartley).	. . . .	16,120
2e — (Cooper'shigh main).	. . . .	15,876
3e — (Lanfield. moor)	. . . . . .	16,920
4e — (Pontops)	. . . .	15,112

2e CLASSE.

Charbon de Newcastle.

1re Variété (Russell's Wallsend).	. . . .	16,876
2e — (Berwick and Crastor's Wallsend)	. . . .	16,897
3e — (Heaton main).	. . . . . .	15,876
4e — (Killingworth main).	. . . .	15,312
5e — (Benton main).	. . . . . .	14,812
6e — (Brown's Wallsend).	. . . .	13,600
7e — (Manor main).	. . . . . .	12,548
8e — (Bleyth).	. . . .	12,096
9e — (Bardon main).	. . . . . .	13,608
10e — (Wear's Wallsend)	. . . .	14,112
11e — (Eden main).	. . . . . .	9,600
12e — (Primrose main).	. . . . .	8,348

3e CLASSE.

Coal du pays de Galles.

1re Variété.	. . . .	2,116
2e —	. . . .	1,656
3e —	. . . .	1,416
4e —	. . . .	1,272
5e —	. . . .	1,292
6e —	. . . .	1,486

On voit, par cet exposé, l'énorme différence qui existe entre les diverses variétés de charbon, et que le *minimum* de production du gaz de ces trente-six variétés, est de 8,348, et le *maximum* de 2,116, c'est-à-dire près de deux fois autant. Il serait à désirer qu'on entreprît un pareil travail sur les diverses houilles de France, et surtout sur les qualités de gaz qu'elles produisent, car il en est plusieurs qui sont très sulfureuses, et certaines qui sont chargées de sulfure de fer (pyrite martiale). Il est évident que le gaz, produit par ces espèces, doit être beaucoup plus chargé de gaz hydrogène sulfuré.

M. Hobbin a fait connaître, en 1826, un nouvel appareil pour préparer et purifier le gaz (1), lequel se compose d'une cornue en trois pièces; celle du milieu est la seule exposée à l'action du feu, et par conséquent celle qui en souffre le plus, et qu'il suffit de renouveler; les deux autres y sont fixées par de fortes vis. L'une de ces deux dernières reçoit la houille que l'on pousse dans la partie du milieu par un diaphragme mobile, auquel se trouve adapté une tige métallique. Entre la pièce du milieu et la première pièce, se trouve une autre cloison également mobile, qui sert à pousser le coak dans une espèce d'entonnoir qu'elle forme, lequel est terminé par un large cylindre qu'on ouvre et qu'on ferme quand on le désire : c'est de là qu'on retire le coake pour le mettre en magasin après qu'il est refroidi.

Le gaz, qui est produit pendant l'ignition du charbon, se rend par un tube dans un cylindre très profond, qui se trouve traversé, suivant son axe, par un tube qui s'élève de sa base à son extrémité supérieure. Ce cylindre offre plusieurs cloisons circulaires, concentriques, qui y forment

---

(1) *Repertory of patent invent.*

plusieurs chambres qui sont recouvertes par d'autres cylindres renversés, découpés à leur partie
inférieure pour laisser passer le gaz, qui, conduit
par le tube du milieu, pénètre dans le vase renversé qui le recouvre, et, si la pression est assez
forte, circule dans le second vase, et successivement dans les autres. Le gaz, après avoir passé à
travers ces vases, qui sont remplis d'eau de chaux·
et de tout autre mélange purifiant, se rend, par
un tube conducteur, dans le gazomètre.

M. Hobbin a proposé un autre appareil qui est
celui de Woulf en grand ; ce sont plusieurs cylindres qui communiquent les uns avec les autres au
moyen de tubes, par lesquels le gaz y est conduit,
et y traverse l'eau chargée de chaux, etc.

Le procédé de M. Hobbin offre plusieurs avantages ; le premier est celui de conserver très long-
temps, sans altération, une grande partie de la
cornue ; le second, d'économiser le temps et le
combustible, attendu qu'il n'est nullement besoin
d'attendre que l'appareil soit refroidi pour en extraire le coak et le recharger.

Eclairage par le gaz à l'huile.

Dès que l'on eut reconnu que c'était l'huile bitumineuse, que contenait la houille, qui produisait
le gaz hydrogène carboné, on ne tarda pas à rechercher s'il serait plus avantageux de l'extraire
des huiles. Un grand nombre d'essais furent faits
en France et en Angleterre, et l'on ne tarda pas à
se convaincre de ses avantages, ainsi que nous le
ferons connaître bientôt.

Pour préparer le gaz à l'huile, on remplit un
tonneau de ce combustible, d'où on le fait couler
dans des cornues chauffées à un rouge modéré ; cet
écoulement est en raison directe de la quantité de
gaz qu'on veut fabriquer : c'est à l'ouvrier à bien

connaître cette proportion. En tombant dans ces cornues, l'huile est en partie volatilisée, dans un grand état d'altération, et en très grande partie décomposée et convertie en gaz qui se rend dans un vaisseau de lavage, où il se refroidit et dépose la majeure partie de l'huile qu'il avait entraînée; de ce réfrigérant il passe dans le gazomètre; la portion d'huile qui échappe à la décomposition est ramenée dans la cornue.

MM. John et Philippe Taylor ont reconnu que leurs cornues perdaient peu à peu de leur pouvoir de décomposer l'huile et de produire du gaz, quoiqu'elles n'eussent subi aucun changement apparent et qu'on les eût soigneusement nettoyées, ce qui prouve qu'à cette température élevée le fer doit être altéré par l'huile. Ces habiles manufacturiers découvrirent bientôt qu'en plaçant des fragmens de brique dans les cornues, le pouvoir décomposant de ces mêmes cornues était fort augmenté. Dans l'appareil qu'ils ont perfectionné, l'huile volatilisée se rend dans un réservoir, d'où elle circule de nouveau dans la cornue; ainsi rien n'est perdu.

Examen comparatif de l'éclairage par le gaz du charbon et par celui de l'huile.

Il est bien évident que puisque l'huile ne contient point de soufre, le gaz qu'elle produit doit être exempt de gaz hydrogène sulfuré, et être, par conséquent, et plus pur et point odorant. C'est effectivement ce qui a lieu; aussi est-il bien reconnu que le gaz de l'huile, non seulement n'attaque pas les tuyaux de conduite, mais ne répand presque point de mauvaise odeur dans les appartemens, et n'altère, ni les meubles, ni les dorures, ni les peintures, etc., tandis que celui du charbon produit plus ou moins ces effets. Nous ajoutons que ce dernier gaz pur, si bien dépuré qu'il soit, donne, par la combustion, toujours un peu d'acide sulfureux, ce qui démontre évidemment qu'il contient du soufre. . . .

Un des grands avantages du gaz de l'huile, c'est qu'un pied cube (environ 28 décimètres cubes) équivaut jusqu'à quatre (113 décim: cubes) de gaz de houille. Cette densité est d'autant plus avantageuse, qu'on peut réduire presque de trois quarts la capacité des gazomètres, et qu'elle offre plus de facilité pour la construction des lampes à gaz portatif.

Plusieurs auteurs, et particulièrement en Angleterre, se sont occupés des effets comparatifs de ces gaz pour l'éclairage ; nous allons faire connaître les principaux, en commençant par donner l'extrait d'un travail publié par M. Ricardo, dans les *Ann: of philos.* et dans le *Bulletin des Sciences technologiques*, au sujet de l'usine dont la direction fut confiée, en 1821, à MM. Taylor et Martineau.

Deux paires de retortes, travaillant 8 à 10 heures par jour, suffisent pour la consommation d'hiver, qui est de 6000 pouces cubes par mât ; si les 6 paires étaient en activité, on en aurait six fois autant.

L'huile à vil prix n'est pas toujours celle qu'on doit préférer ; pour la quantité et la qualité du gaz, celle de baleine tient le premier rang. Il importe d'avoir toujours une chaleur égale et un courant régulier d'huile, afin d'obtenir une quantité constante de gaz.

Les observations précédentes me paraissent démontrer les avantages du gaz de l'huile pour l'entrepreneur : ce gaz doit être aussi préféré par le consommateur. Le résultat suivant m'a été communiqué par un de ces derniers : il a dans sa boutique cinq lampes d'argent, brûlant chez lui depuis le coucher du soleil jusqu'à neuf heures, et les same-

dis jusqu'à onze. Dans son arrière-boutique il y en
a deux, et une dans son magasin ; ces trois dernières ne sont pas toujours allumées, et il les évalue à un bec et demi ; de sorte qu'il a en totalité six
becs et demi, et la moyenne de l'éclairage, en
comptant le samedi, est de 20 heures par semaine,
ou 1040 h. par an. La consommation annuelle
sera d'environ 8,800 pieds cubes, lesquels, à 50 s.
(60 fr.) par 1000, font un total de 21 liv. (504 fr.),
en déduisant cinq pour cent d'intérêt.

Dans notre calcul, chaque bec consomme 1350
pieds cubes par an ; ce qui excède peu un pied
un quart par heure, et la lumière est égale, sinon
supérieure, à celle du gaz de charbon, où l'on consume 5 pieds cubes par heure. On peut donc en
conclure que 1 pied de gaz de l'huile est égal à
4 pieds de gaz de charbon ; les pouvoirs illuminans
ont été examinés par un homme sur la sagacité
duquel on peut compter, et qui a des intérêts dans
les deux espèces d'établissemens ; il est parvenu à
des résultats semblables.

Le prix demandé est de même favorable aux
usines à l'huile ; l'emploi du gazomètre est préférable à l'ancien procédé de faire payer d'après le
nombre des becs ; car, dans ce dernier cas, le consommateur paie pour un nombre déterminé de
lampes, qu'il s'en serve ou non. Ainsi, dans notre
hypothèse, de six becs et demi à 4 liv. (96 fr.)
par bec, il donnerait 26 liv. (624 fr.) ; mais en
payant au moyen du gazomètre, en se rappelant
que 1 pied cube de gaz de l'huile équivaut au
moins à 3 pieds et demi de gaz de charbon, et
cotant conséquemment le prix du gaz de charbon
à 15 s. (18 fr.) par 1,000 pieds cubes, lesquels,
cotés à 15 s. (18 fr.), font 20 liv. 8 s., ou 552 fr. ;
ce qui démontre l'avantage du gaz de l'huile sur le
gaz de charbon, puisque le consommateur ne paie
que 21 liv. au lieu de 26, et l'avantage de payer au

moyen du gazomètre, au lieu de payer par bec, car il ne paie que 23 liv. au lieu de 26.

Je ne discuterai pas les avantages de l'éclairage par le gaz, ce point est incontestable : la seule question à poser est de savoir s'il est économique. Il est difficile de résoudre ce point ; en effet, cela dépend du nombre de lumières ; on peut seulement assurer que l'on peut par ce moyen s'éclairer sans viser à l'économie, et que l'on peut avoir au même prix deux ou trois fois la lumière d'une chandelle, quatre ou cinq fois celle de l'huile de baleine, et au moins douze fois celle d'une bougie.

Enfin, la grande question, pour une usine à établir, est de déterminer si l'on doit procéder au moyen de l'huile ou du charbon ; laquelle de ces deux substances exige le moins de capital, promet les meilleurs résultats, et présente le moins de perte si l'établissement ne réussit pas ? A toutes ces questions je répondrai affirmativement : l'huile.

En vain objectera-t-on le témoignage des savans qui se sont prononcés contre ce moyen. Sans vouloir déprécier la science ou leur mérite, je dirai toujours que le gaz de l'huile est préférable : les expériences sont décisives et doivent l'emporter sur les opinions théoriques.

Il serait trop long d'entrer dans tous les détails qui prouvent cette supériorité ; je me contenterai de montrer qu'à tous les avantages se joint celui de pouvoir diminuer ou augmenter la lumière à volonté par la pression ou le diamètre des tuyaux de conduite ; en un mot, la meilleure preuve est celle donnée par un homme désintéressé, qui démontre l'avantage de l'huile par livres, sous, etc., etc. Cette preuve est plus claire que les expériences chimiques et philosophiques qui pourraient être tentées.

Tous les fabricans ne partagent pas cette opinion. La *Gazette littéraire de Londres* a également présenté, dans le n°. 384, les avantages respectifs des modes d'éclairage par le gaz de charbon et celui d'huile. En évaluant, y est-il dit, le produit du gaz de houille et du gaz d'huile de poisson, on prendra pour base les données adoptées par la compagnie d'éclairage; ainsi :

1°. Deux boisseaux de bon charbon de Walls-end, coûtant environ 2 schelings, produisent à peu près 600 pieds cubes de gaz pur;

2°. Un gallon de bonne huile de baleine, ou de tout autre poisson, coûtant aussi environ 2 schelings, donne 100 pieds cubes de gaz.

D'après cela, si 100 pieds cubes de gaz d'huile produisent autant d'effet que 300 de celui de houille, il est clair que deux schelings de ce combustible donneront le double de gaz d'huile; ce qui sera un double bénéfice, auquel l'on devra ajouter la valeur du coak, du goudron et de l'ammoniaque.

Il est bien rare que ceux qui s'enthousiasment pour un objet ne cherchent pas toujours à rapetisser celui qu'on lui compare; ainsi l'auteur de cet article admet que la durée de l'éclairage de 100 pieds cubes de gaz de ce charbon n'équivaut qu'à 300 celui d'huile, tandis que généralement on les évalue à près de 400. Il est forcé pourtant de convenir que l'intensité de la lumière d'un bec de gaz d'huile est bien plus considérable que celle qui est due à un bec égal alimenté par le gaz de charbon. Or, dit-il, si l'on a besoin d'une vive lumière sur un point donné, comme dans les maisons et les divers établissemens, etc., le gaz de l'huile doit être préféré; mais pour éclairer les rues, on doit prendre celui de charbon, à cause de l'économie.

Quant à la salubrité des deux gaz, l'auteur fait une observation très judicieuse.

100 pouces cubes de gaz de houille, en brûlant,

dépouillent 1,000 pieds cubes d'air de son oxigène.

100 pouces cubes de gaz d'huile, par la combustion, en absorbent près de 2,000.

Il est donc bien reconnu que le gaz d'huile, en consommant le double de gaz oxigène, altère beaucoup plus la pureté de l'air.

Il est facile d'obvier à cet inconvénient; et puisqu'il est reconnu que le gaz d'huile éclaire beaucoup plus que celui de charbon, on n'a qu'à diminuer le nombre des becs du premier pour obtenir les mêmes résultats du second, ou bien établir un courant d'air dans les salles; d'ailleurs, le gaz d'huile ne contenant point de gaz hydrogène sulfuré, n'a point de mauvaise odeur, et n'attaque ni les dorures, ni les peintures, etc.

Comme ce n'est que du choc des opinions que jaillit l'étincelle de la vérité, nous allons présenter ici l'opinion que MM. Christison et Ed. Turner ont émise dans les *Annales de la philosophie* (Annals of philos.). Voici comme ils s'expriment :

Les gaz pour l'éclairage peuvent être comparés sous deux points de vue; celui du prix qu'ils coûtent, et celui de la lumière qu'ils donnent.

Relativement à l'économie, la densité du gaz de charbon est de 700, 600 et 450; la densité du gaz d'huile est de 920, terme moyen, et peut être portée plus haut.

Relativement à la lumière, celle du gaz de l'huile est incontestablement plus belle, plus blanche, plus agréable.

Nous n'entreprendrons point de retracer ici l'opinion de tous ceux qui ont pris parti pour le gaz du charbon, ou pour celui de l'huile; nous nous bornerons à dire qu'il y a de l'exagération dans tous leurs tableaux. Le seul point sur lequel tous s'accordent, c'est que le gaz d'huile est beaucoup plus dense, qu'il répand une plus belle lumière, et qu'il n'a pas d'odeur et presque pas d'action sur les dorures, les peintures, etc. Quant au prix respectif de la fabrication de ce gaz, il est certain qu'il doit être relatif aux localités et suivant le prix et la bonté de l'huile, comme suivant le prix et la qualité du charbon de terre, dont la quantité et la densité du gaz que donnent les variétés de ce combustible sont si différentes; c'est ce qui fait qu'on ne saurait rien présenter d'exact à ce sujet.

M. Schwartz s'est occupé de l'application à l'éclairage par le gaz de l'huile empyreumatique de goudron, qu'on obtient en le distillant pour en extraire la poix.

100 pouces cubes de cette huile donnent de 56 à 68 pieds cubes d'un gaz qui brûle avec une lumière très vive. Cette huile, suivant lui, mérite la préférence, pour la fabrication du gaz, sur les huiles fixes; parce qu'en se volatilisant plus promptement avec le gaz, elle s'oppose à ce que le gaz, dit *oléifiant*, soit par suite exposé assez long-temps à l'action du calorique, pour être décomposé et converti en hydrogène proto-carboné. Au reste, la vapeur d'huile, qui passe avec le gaz, est, en grande partie, condensée dans le réfrigérant, et rapportée dans la cornue. Il serait à désirer qu'on appliquât également à cette fabrication les huiles provenant de la combustion des os et des autres substances animales, celle de cade, etc.

Éclairage par le gaz de l'huile de graines.

Il est, comme nous l'avons démontré, un grand nombre de semences dites *oléagineuses*, à cause de l'huile douce qu'elles contiennent. Or, comme dans les charbons, et avec les huiles, ce sont toujours les matières huileuses qui, en se décomposant, donnent lieu au gaz hydrogène bi-carboné, il est évident que les graines oléagineuses, par leur ignition dans des vases clos, doivent produire un gaz de même nature. C'est ce qui a lieu ; aussi a-t-on employé les graines oléagineuses pour la fabrication de ce gaz. Mais, comme ces graines contiennent une infinité d'autres substances, il en est résulté que celui qu'elles donnent, étant chargé de beaucoup d'autres gaz étrangers, sa purification est bien plus difficile que celle de celui qui provient de l'huile ou du charbon ; aussi est-il presque généralement abandonné. Cependant, dans les pays où l'on récolte beaucoup de graines oléagineuses, dont on ne fait aucun usage, on devrait s'empresser de les utiliser à cette fabrication. M. Olmsted (1) a cherché à tirer parti de la graine du cotonnier qui constitue à elle seule près des trois quarts en poids de la récolte et qui est abandonnée. Ce chimiste a reconnu que le gaz qu'elle donne est presque d'aussi bonne qualité que celui qui provient de l'huile.

Une once de ces graines a produit 1,018 pouces cubes de gaz, non compris les dernières portions qui étaient peu chargées de gaz hydrogène bicarboné. D'après ce calcul, une livre de ces graines en produirait 16,288 pouces cubes.

Résumé.

L'éclairage par le gaz offre de grands avantages sur celui par les huiles, les graisses, etc.

1°. Attendu qu'on n'a pas besoin de nettoyer constamment les lampes.

2°. Vu qu'on n'a point à craindre ni leur dérangement ni leur coulage.

3°. Que sous ce dernier point de vue, les accidens produits par le coulage de l'huile ne sont pas à craindre.

4°. Quand le gaz est bien pur, en brûlant, il ne

(1) *American Journal of Sciences and Arts.*

répand presque aucune odeur sensible, tandis que
la plupart des huiles produisent et beaucoup de
fumée et une odeur très désagréable.

5°. La lumière des lampes à huile est vacillante,
et exige de moucher les mèches et de les renouveler, tandis que les lampes à gaz n'en ont aucun
besoin, et répandent une plus belle et une plus
forte lumière.

6°. Le gaz du charbon a plus d'odeur que celui
de l'huile, est moins dense, donne moins de lumière,
et il en faut près de 4 pouces cubes pour égaler le
pouvoir éclairant d'un pouce de celui d'huile.

7°. Les lampes à gaz, éclairant beaucoup mieux
que celles à huile, décomposent aussi beaucoup
plus d'air, et chauffent davantage les appartemens. Il est nécessaire de faire surmonter chaque
bec d'une sphère métallique contre laquelle vont
heurter les gaz qui ont échappé ou sont le produit
de la combustion, et pour lesquels on a proposé un
appareil pour les condenser dans un réservoir particulier.

8°. L'éclairage par le gaz n'influe en rien sur
la santé des consommateurs; il n'y a d'autre accident à craindre que celui qui peut provenir d'une
coupable négligence. Ainsi il est bien évident que
si on laisse les robinets, qui portent les gaz aux becs
des lampes, ouverts, ce gaz se répandra dans l'appartement, et se mêlera avec l'air atmosphérique.
Dès-lors, si l'on entre dans cet appartement avec
une bougie enflammée, il est certain qu'il y aura
explosion, parce que le gaz hydrogène, soit pur, soit
uni au carbone, ce qui constitue le gaz hydrogène
carboné, détonne quand il est mêlé avec l'air atmosphérique, et qu'on en approche un corps enflammé.
Cet effet est le même que les explosions qui se produisaient dans les mines, et qui tuaient les ouvriers,
avant que M. Davy eût inventé sa lampe de sûreté.
Il est donc bien reconnu qu'en fermant soigneuse-

ment tous les robinets, on, n'a aucun danger à redouter.

9°. On peut faire circuler le gaz dans des tuyaux comme l'eau, et l'on pourrait de Paris éclairer une ville de province avec une usine qui fabriquerait une assez grande quantité de gaz; l'on peut aussi le faire monter à diverses hauteurs, et le distribuer ainsi dans les ateliers, les salles de spectacle, etc.

10°. Le gaz, en séjournant sur l'eau, perd en grande partie, dans environ vingt-quatre heures, son pouvoir éclairant; il brûle alors avec une flamme bleuâtre, et dépose une matière bitumineuse brune sur le liquide. Il paraît qu'il se convertit en hydrogène proto-carboné.

11°. L'éclairage par le gaz est plus économique que celui par l'huile.

12°. La filtration du gaz, à travers les tuyaux souterrains, quand elle a lieu, nuit beaucoup à la végétation des arbres.

13°. On peut aussi transporter le gaz à de grandes distances et le comprimer dans des réservoirs portatifs, qui servent à alimenter des lampes dites *portatives*. Ces réservoirs doivent être en cuivre et très forts; et, comme le gaz d'huile est trois fois plus dense que celui de charbon, on doit les remplir avec du gaz d'huile comprimé de neuf à dix atmosphères. Une trop forte compression pourrait faire éclater le réservoir, comme nous avons eu l'occasion de l'observer chez un de ces preneurs de brevets d'invention, qui était si ignorant qu'il ne savait point remplir le réservoir de gaz hydrogène carboné; il l'y injectait avec une pompe, sans en avoir évacué l'air; aussi gare les explosions. L'éclairage par le gaz portatif a été entrepris à Londres, Paris, Rouen; nous ne pensons point qu'il puisse supporter la concurrence avec celui qui nous est transmis par les conduits souterrains. Il n'entre point dans notre

plan de décrire les lampes à gaz portatif ; ce serait
nous écarter de notre but.

Ceux de nos lecteurs qui voudraient acquérir de
plus grandes connaissances sur la fabrication du
gaz propre à l'éclairage, pourront consulter les divers Mémoires qui ont été publiés par MM. Lebon,
Ryss-Poncelet, Taylor, Fresnel, Verre et Crane,
Winsor, Murdoch, Accum, Clegg, Berard, etc.,
de même que la description des divers appareils ou procédés qui se trouvent consignés dans
le bel ouvrage de M. Christian sur la description
des machines et procédés, par brevet d'invention,
ainsi que le Bulletin de la Société d'encouragement
pour l'industrie nationale, les Annales de Chimie
et de Physique, les Archives des Découvertes et des
Mines, les Annales des Arts et Manufactures, la Bibliothèque britannique, la Revue encyclopédique,
the Repertory of Arts, Manufactures and Agriculture, le
Traité pratique de l'Eclairage par le gaz, par M. Accum, le Bulletin des Sciences technologiques, etc.

Bien des gens, par esprit de système, ont cherché à décrier l'éclairage par le gaz ; quelques uns
même, enchérissant sur ce point, ont écrit contre. Parmi ceux-ci, nous citerons un de nos plus
spirituels romanciers, qui sans doute ignorait alors
que dans les sciences exactes et dans les arts, les
hypothèses, pour si ingénieuses qu'elles soient,
tombent devant les faits.

En traçant cet aperçu sur l'éclairage par le
gaz, nous n'avons eu d'autre but que d'en donner une idée à ceux de nos lecteurs qui, placés
loin de la capitale, n'ont jamais eu l'occasion
d'en connaître les effets. Nous croyons devoir terminer cet ouvrage par cette remarque, afin qu'on
ne puisse point nous reprocher de n'être pas en-
trés dans tous les détails qu'exige un pareil sujet.

FIN.

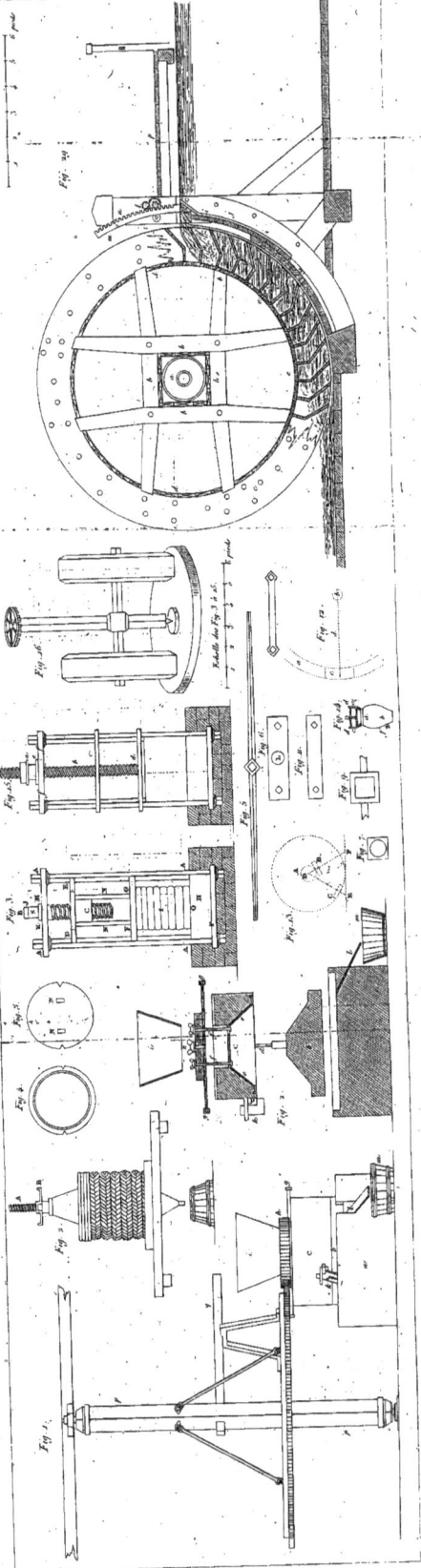

Fig. 14.

Fig. 16.

Echelle des Fig. 3 à 16.

Fig. 12.

Fig. 5.

Fig. 11.

Fig. 10.

Fig. 9.

Fig. 8.

Fig. 6.

Fig. 7.

Fig. 13.

Fig. 15.

Fig. 4.

Fig. 2.

Fig. 1.

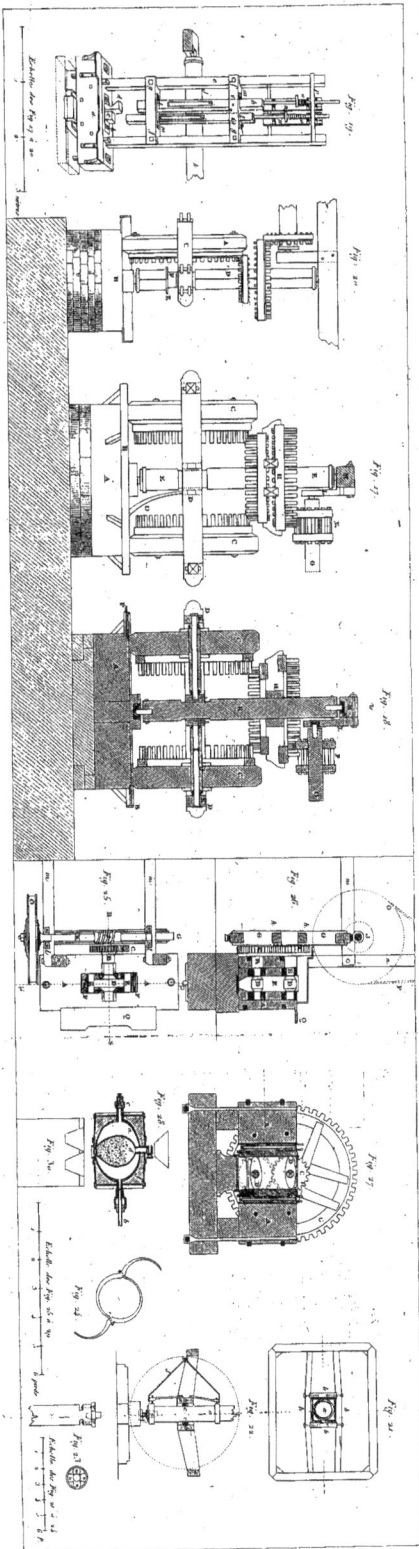

TABLE DES MATIÈRES.

PREMIÈRE PARTIE. Considérations générales sur les huiles fixes............................ *Page* 1

Propriétés physiques des huiles............... 3

Poids spécifique des huiles..................... *ibid.*

Propriétés chimiques........................... 4

Tableau de la solubilité des huiles fixes dans l'alcool. 7

Tableau comparatif des quantités de savons obtenues de trois livres d'huile ou de graisse saponifiées par le sous-carbonate de soude rendu caustique..... 9

Principes immédiats des huiles................. 10

Oléine ou élaïne.............................. *ibid.*

Acide oléique................................ 12

Stéarine..................................... 13

Acide stéarique.............................. 15

— margarique................................ 17

Composition élémentaire des huiles............ 18

SECONDE PARTIE. Examen des huiles douces...... 19

Huile d'olive................................ *ibid.*

De la culture de l'olivier..................... 25

De la taille................................. 27

De l'huile d'olive et de sa préparation......... 28

Préparation de l'huile d'olive en Espagne....... 30

— dans le midi de la France................... 31

Extraction de l'huile d'olive par le procédé de M. Bory.................................... 35

Moulin de campagne, à l'usage des propriétaires ruraux et propre à extraire les huiles des olives... 37

Pressoirs à huile, du département des Bouches-du-Rhône..................................... 39

Procédés et machines propres à extraire l'huile des olives................................. 40

Espérance................................... 45

Partage des huiles........................... *ibid.*

De la jarre à l'huile......................... 46

Des tonneaux, barriques et barils............. *ibid.*

Les caquiers ou enfers............................ 47

Sophistication de l'huile d'olive et des moyens propres à la reconnaître.......................... 48

Huile d'onction ou de légitimité.................. 5o

Huile d'amandes douces........................ ibid.

Huile d'arachide, pistache de terre.............. 54

Huile de ben...................................... 6o

Beurre ou huile de cacao........................ 6r

Préparation du beurre de cacao.................. 64

Beurre de coco.................................... 65

Huile de citrouille................................ ibid.

— de cornouiller sanguin........................ 66

— ou beurre de Galam.......................... ibid.

Cire.. 67

Huile de noix.................................... 69

— de noix cuite.................................. 7o

— de noisette (fructus avellanæ)................ 7r

— de palme...................................... ibid.

Huiles des graines oléagineuses.................. 73

Huile de caméline (Myagrum sativum.)........ 76

— de cresson alenois............................ 77

Culture du cresson.............................. ibid.

Chenevis ou chanvre (Cannabis sativa).......... 8o

Huile de chou (Brassica oleracea)................ 8r

Chou et huile de colza (Brassica oleracea arvensis). 83

Huile de faîne.................................... 85

Tableau des différentes extractions de l'huile de faîne. 89

Huile de galéope................................ 9r

— de julienne.................................... 92

— de lin.. 94

Manière de faire l'huile de lin en Sicile.......... 96

Huile de lin dite de la marmite.................. 97

— de lin lithargirée............................ 98

— de lin cuite, ou vernis........................ ibid.

— de moutarde.................................. ibid.

Chou-navet (Brassica oler., napus brassica), navets ou navette.................................... 101

Huile d'œillet ou pavot (Papaver somniferum).... 1o3

— de pepins de raisin............................ 104

— de raifort de la Chine........................ 109

— de ricin...................................... 11o

Préparation de l'huile de ricin par le procédé de
M. Planche.. 111
Procédé de M. Faguer................................. 112
Huile de tournesol.................................... *ibid.*
Résumé sur l'huile des graines oléagineuses....... 113
Préparation des huiles des graines................. 114
État des tordoirs ou moulins à huile de divers arron-
dissemens du département du Nord................. 117
1er GENRE. Huiles fugaces........................... 195
Huile de jasmin...................................... *ibid.*
Huile de lis... 192
2e. GENRE. — Huiles légères......................... 197
Huile de bergamote................................... *ibid.*
— de cédrat... *ibid.*
— de citron... *ibid.*
— d'orange.. *ibid.*
— d'orangette....................................... *ibid.*
— de limette.. *ibid.*
3e. GENRE. — Huiles visqueuses ou épaisses....... 199
Huile de cannelle.................................... *ibid.*
— de girofle.. 201
— de sassafras...................................... 203
— de bois de Rhodes................................ *ibid.*
— d'absinthe.. *ibid.*
— de fleurs de camomille.......................... 204
— de carvi.. *ibid.*
— de coriandre...................................... *ibid.*
— de piper cubeba ou cubèbes...................... *ibid.*
— de cumin.. *ibid.*
— volatile de moutarde............................. *ibid.*
4e GENRE. — Huiles volatiles qui prennent une forme
cristalline ou concrète par le refroidissement ou
une évaporation lente.............................. 206
Huile d'aunée.. *ibid.*
— d'anis.. 207
— d'anis étoilé ou badiane........................ *ibid.*
— de fenouil.. *ibid.*
— de persil... 208
— de roses.. 209
— de menthe... *ibid.*
— de *ravine sara*................................. 211

23

5ᵉ. GENRE. — Huiles volatiles céracées......... 211

Huile de muscade........................... 212

— de laurier.............................. 213

6ᵉ. GENRE. — Huiles volatiles dites *camphrées*...... 214

Huile d'aunée.............................. 217

— de matricaire........................... *ibid.*

— de marjolaine........................... *ibid.*

— de lavande............................. 218

— de romarin............................. 220

— de sauge.............................. *ibid.*

— de valériane........................... 221

— de zédoaire............................ *ibid.*

— d'origan............................... *ibid.*

— de thym............................... *ibid.*

— de serpolet............................ *ibid.*

Distillation des huiles volatiles extraites des plantes. *ibid.*

Sophistication des huiles volatiles................. 225

Huile ou essence de térébenthine................ 226

— de raze............................... 229

Appendice sur les huiles volatiles................ 230

Huile de cade............................. *ibid.*

Note sur l'huile essentielle de Caïoupouti......... *ibid.*

Huile de croton tiglium...................... 233

— d'euphorbia lathyris..................... 235

Huile de karapat........................... 237

Huile de pommes de terre.................... 238

Huile animale ou de Dippel................... 161

Huile de corne de cerf....................... *ibid.*

Huile empyreumatique....................... *ibid.*

Huile d'œufs.............................. 163

Huile de pied de bœuf............... 164 et 165

Huile animale solide........................ 165

Huile de poisson........................... 174

Huile de dauphin.......................... 175

Huile de marsouin.......................... 176

Huile dite *oleum jecoris aselli*................. 177

Huile minérale............................ *ibid.*

Huile de naphte........................... 178

Huile de pétrole........................... 180

Tableau de l'exploitation des moulins à huile du département du Nord......................... 118

Récapitulation du produit des moulins ou tordoirs.. 119

État des dépenses....... 120

Extraction des huiles de lin, de colza, d'œillets, de caméline, de chanvre dans le département du Nord.. 121

Instruments pour la préparation des huiles des graines. 126

Meules verticales en pierre dure............... *ibid.*

Moulin à huile ou tordoir..................... 127

Moulins à bras.............................. 128

Nouveau moyen de mettre en mouvement les meules d'un tordoir à huile...................... 129

Procédé de M. Hallette fils.................... 132

Perfectionnement des cames destinés à élever les pilons, foulons, bocards, manteaux, etc......... 134

Perfectionnement des roues à augets............ *ibid.*

Nouveau système de presse muette pour les moulins à huile, propre à remplacer avantageusement la presse à coing.............................. 135

Nouvelle machine propre à chauffer la graine écrasée, pour faciliter l'extraction de l'huile....... 136

Procédé de M. Econchart...................... 139

TROISIÈME PARTIE. Dépuration des huiles....... 140

— par le repos.............................. *ibid.*

— par la filtration.......................... 141

Filtre au charbon........................... *ibid.*

Dépuration des huiles par l'eau............... 144

— par l'acide sulfurique..................... 145

Procédé de M. Denis de Montfort par l'acide sulfurique.................................. 146

Procédé par les alcalis; par le même............ 147

Procédé par l'argile; par M. Fischer............ 148

Epuration des huiles par le charbon et l'acide sulfurique réunis, dans le département du Nord...... *ibid.*

De l'épuration de l'huile de colza ou navette, pour quinquets et veilleuses, ou huile de colza de 1re qualité.................................... 149

Filtre au charbon pour les huiles dans le département du Nord........................... 151

De l'épuration de l'huile de colza ou de navette, connue dans le commerce sous le nom d'*huile à réverbères, ou de seconde qualité*.............. 154

De l'épuration de l'huile d'olliette ou pavot pour manger en salade et autres usages économiques . 154
Procédé propre à épurer les huiles ; par MM. Colin de Cancey et compagnie........................ 155
Dépuration des huiles de poisson par les alcalis, l'acide sulfurique et le charbon réunis; par M. Collier. 156
Filtre au charbon de M. Collier.................. ibid.
Dépuration de l'huile pétrole, par M. de Saussure. 158
QUATRIÈME PARTIE (Huile animale et minérale)... 161
Huile animale............................... ibid.
Beurre....................................... 165
Des graisses.................................. 166
Graisse de porc, axonge ou sain-doux............ 167
Graisse de mouton ou suif...................... 169
Graisse ou suif de bœuf....................... 170
Graisse médullaire du bœuf..................... ibid.
Graisse humaine.............................. ibid.
CINQUIÈME PARTIE (Huiles volatiles).............. 187
De la composition des huiles volatiles........... 192
Classification des huiles volatiles............... 194
SIXIÈME PARTIE.............................. 240
Aperçu sur l'éclairage par le gaz hydrogène bi-carboné ibid.
Éclairage par le gaz du charbon................. 241
Compte d'une usine au gaz de houille............ 245
Quantité de gaz fourni par un chaldron des diverses variétés des charbons anglais.................. 248
Éclairage par le gaz à l'huile................... 251
Examen comparatif de l'éclairage par le gaz du charbon et par celui de l'huile.................... 252
Éclairage par le gaz de l'huile de graines........ 258
Résumé...................................... 259
Tableau de l'épuration des huiles dans le département de la Seine.............................. 160
Tableau de la fabrication de l'huile de pied de bœuf. 165
Tableau des principales huiles volatiles.......... 188

FIN DE LA TABLE.

DE L'IMPRIMERIE DE CRAPELET,
rue de Vaugirard, n° 9.